Arduinoをはじめよう

|第3版|

Massimo Banzi、Michael Shiloh 著

船田 巧 訳

本書で使用するシステム名、製品名は、それぞれ各社の商標、または登録商標です。
なお、本文中では、TM、®、©マークは省略しています。

© 2009, 2012, 2015 O'Reilly Japan, Inc. Authorized translation of the English edition.
© 2015 Massimo Banzi, and Michael Shiloh. This translation is published and sold
by permission of Maker Media, Inc., the owner of all rights to publish and sell the same.

本書は、株式会社オライリー・ジャパンが Maker Media. Inc.との許諾に基づき翻訳したものです。
日本語版の権利は株式会社オライリー・ジャパンが保有します。
日本語版の内容について、株式会社オライリー・ジャパンは最大限の努力をもって正確を期していますが、
本書の内容に基づく運用結果については、責任を負いかねますので、ご了承ください。

「Arduino 公式リファレンス」は、Arduino 開発チームにより執筆されている
「Arduino Reference」(arduino.cc/en/Reference/HomePage) を、
クリエイティブ・コモンズ・ライセンス (表示 — 継承) の下で日本語訳したものです。

Getting Started with Arduino

Massimo Banzi and
Michael Shiloh

Third Edition

SEBASTOPOL, CA

目次
Contents

はじめに ……………………………………………………………………… vii

1. イントロダクション ……………………………………………………… **001**
対象読者 ………………………………………………………… 001
インタラクションデザイン ……………………………………… 002
フィジカルコンピューティング ………………………………… 002

2. Arduinoの流儀 ………………………………………………………… **005**
Prototyping (プロトタイピング) ……………………………… 006
Tinkering (いじくりまわす) …………………………………… 007
Patching (パッチング) ………………………………………… 008
Circuit Bending (サーキットベンディング) ………………… 010
Keyboard Hacks (キーボードハック) ……………………… 012
We Love Junk! (ジャンク大好き!) ………………………… 014
Hacking Toys (オモチャをハック) …………………………… 015
Collaboration (コラボレーション) …………………………… 016

3. Arduinoプラットフォーム ……………………………………………… **017**
Arduinoのハードウェア ………………………………………… 017
ソフトウェア (IDE) …………………………………………… 020
Arduino IDEのインストール方法 …………………………… 020
IDEのインストール:Mac編 …………………………………… 020
ドライバの設定:Mac編 ………………………………………… 021
ポートの確認:Mac編 …………………………………………… 021
IDEのインストール:Windows編 …………………………… 022
ドライバの設定:Windows編 ………………………………… 022
ポートの確認:Windows編 …………………………………… 023

4. スケッチ入門 …………………………………………………………… **025**
インタラクティブデバイスの解剖学 …………………………… 025
センサとアクチュエータ ………………………………………… 026
LEDを点滅させる ……………………………………………… 026
そのパルメザンを取ってください ……………………………… 030
Arduinoは止まらない …………………………………………… 031
真のハッカーはコメントを書く ………………………………… 031
1行ずつのコード解説 …………………………………………… 031
作ろうとしているもの …………………………………………… 034
電気って何? …………………………………………………… 034
プッシュボタンを使ってLEDをコントロール ………………… 036
このスケッチの仕組み …………………………………………… 039

iv　　　　Arduinoをはじめよう | 目次

ひとつの回路、千のふるまい ……………………………………………… 039

5. 高度な入力と出力 …………………………………………………………… **045**

いろいろなオンオフ式のセンサ ……………………………………… 045

PWM で明かりをコントロール ………………………………………… 048

プッシュボタンの代わりに光センサを使う ……………………… 054

アナログ入力 ………………………………………………………………… 055

その他のアナログセンサ ………………………………………………… 058

シリアル通信 ………………………………………………………………… 059

モータや電球などの駆動 ………………………………………………… 060

複雑なセンサ ………………………………………………………………… 061

6. Arduino Leonardo ……………………………………………………… **063**

Leonardo と Uno の違い ………………………………………………… 064

Leonardo キーボード ……………………………………………………… 065

キーボードスケッチの説明 ……………………………………………… 066

Leonardo マウス …………………………………………………………… 067

マウススケッチの説明 …………………………………………………… 069

より詳しい Leonardo と Uno の違い ……………………………… 070

7. クラウドとの会話 …………………………………………………………… **073**

計画を立てる ………………………………………………………………… 075

スケッチの作成 ……………………………………………………………… 076

回路の組み立て ……………………………………………………………… 083

最後の仕上げ ………………………………………………………………… 085

8. 時計じかけのArduino …………………………………………………… **087**

計画を立てよう ……………………………………………………………… 088

リアルタイムクロック（RTC）のテスト ………………………… 090

リレーのテスト ……………………………………………………………… 094

回路図入門 …………………………………………………………………… 095

電磁バルブのテスト ……………………………………………………… 097

温度・湿度センサのテスト ……………………………………………… 101

リレーを開閉する時刻を設定するスケッチ ……………………… 104

1本のスケッチにまとめる ……………………………………………… 107

ひとつの電子回路にまとめる ………………………………………… 113

9. トラブルシューティング ………………………………………………… **117**

Arduino ボードのテスト ………………………………………………… 118

ブレッドボード上の回路をテスト …………………………………… 119

問題を切り離す ……………………………………………………………… 120

Windows 用ドライバの自動インストールに失敗したとき …… 120

Windows 用 Arduino IDE で起こるかもしれない問題 ………… 120

Windows で Arduino が接続されている COM ポート番号を調べる方法

…………………………………………………………………………………… 121

オンラインヘルプ ………………………………………………………… 122

v

付録A ブレッドボード ············· 123

付録B 抵抗器とコンデンサの値の読み方 ········ 125

付録C 回路図の読み方 ··········· 127

Arduino 公式リファレンス ········· **131**

リファレンス目次 ············· 132

Arduino 言語 ··············· 135

制御文 ················· 136

基本的な文法 ·············· 142

算術演算子 ··············· 146

比較演算子 ··············· 148

ブール演算子 ·············· 148

ビット演算子 ·············· 149

複合演算子 ··············· 158

データ型 ················ 160

String クラス ·············· 168

定数 ··················· 172

変数の応用 ··············· 175

デジタル入出力関数 ············ 182

アナログ入出力関数 ············ 184

その他の入出力関数 ············ 187

時間に関する関数 ············· 191

数学的な関数 ·············· 194

三角関数 ················ 198

乱数に関する関数 ············· 199

外部割り込み ·············· 201

割り込み ················ 203

シリアル通信 ·············· 204

ライブラリ ··············· **211**

ライブラリの使い方 ············ 211

EEPROM ················· 211

SoftwareSeral ·············· 213

Stepper ················· 217

Wire ·················· 219

SPI ··················· 224

Servo ·················· 228

Firmata ················· 230

LiquidCrystal ·············· 233

索引 ·················· 238

訳者あとがき ·············· 245

vi　　Arduinoをはじめよう｜目次

はじめに
Preface

　本書『Arduinoをはじめよう 第3版』には2つの章が追加されました。

　6章は Arduino Leonardoの紹介です。USB専用チップを持っていた従来のボードと違い、Leonardo では USB コントローラがソフトウェアの一部となっています。そのため USB の振る舞いが変わりました。

　8章は野心的で、他の章よりも複雑な電子回路とプログラムを解説します。多くの要素をひとつにまとめる練習です。

　上記の章以外にも、小さな加筆修正を施しました。執筆時に参照した Arduino IDE のバージョンは1.0.6で、今後主流となる1.6系列と差異があるときは、そのつど注記しています[†]。

　執筆に協力してくれた学生や読者からの助言をいくつか取り入れました。第2版までの精神を尊重して、英国式のスペルで通しています。

—— Michael

第2版のはじめに

　まず私は深く考えずに自分が学校で教わったときと同じ方法で教えようとしました。しかし、じきにそのやり方ではうまくいかないことに気付きます。うんざりするほど退屈な教室に座って、机上の理論を聞かされ続けた自分の学生時代を思い出したのでした。

　実を言うと、学生のころの私はすでにエレクトロニクスを理解していました。理論はほんの少しだけですが、代わりに手を使って多くのことを経験的に学んだのです。

　そこで私は、自分が真のエレクトロニクスをどうやって身に付けたかを考えてみることにしました。

- ≫ 手にした電気製品を片っ端から分解した。
- ≫ 使われている部品について少しずつ学んでいった。
- ≫ 内部の配線をいじくりまわすと何が起こるか試すようになった。たいていは煙を噴いたり、破裂したりといった結果に。
- ≫ エレクトロニクス雑誌に載っているキットを作り始めた。
- ≫ 雑誌の回路と、改造したりハックしたりキットを組み合わせて、新しいモノを作った。

　子供のころの私は、モノがどう機能するか発見することに魅せられていて、いつも分解ばかりしていました。この情熱は成長して、家中の使われていない道具をバラバラにするようになり、そのうちにまわりの人が解剖用の機材を持ってきてくれるようになります。保険事務所からもらった初期のコンピュータや巨大なプリンタ、磁気カードリーダ、それから皿洗い機を完全に分解したことが当時の重要プロジェクトでした。

---

†　訳注：訳書の執筆にあたっては Arduino1.6.3 を併用して動作確認を行いました。

膨大な解剖の結果、電子部品の働きを、おおまかになら理解できるようになりました。さらに良かったのは、我が家には父が1970年代の初めに購入した古いエレクトロニクス雑誌が山ほどあったことです。完全には理解できないまま、そうした雑誌に載っている記事を読み、回路図を見ることに時間を費やしました。何度も何度も繰り返し読むうちに、分解で得た知識が少しずつ秩序立っていったのです。

大きなブレークスルーがやってきたのは、ある年のクリスマスのことでした。父が中高生向けのエレクトロニクス学習キットをプレゼントしてくれたのです。回路図記号が印刷されたプラスチックの立方体に電子部品が入っていて、磁石で互いに接続できるようになっていました。そのキットがディーター・ラムス (Dieter Rams)[†]によってデザインされた、1960年代のドイツデザインを代表する傑作だったとは、当時はまだ知るよしもありません。

この新しいツールのおかげで、部品同士をすばやくつなぎ合わせて何が起こるか試せるようになり、プロトタイピングのサイクルがどんどん短くなっていきました。ラジオ、アンプ、雨センサ、ひどいノイズを出す回路といい音を出す回路、小さなロボットなどがその成果です。

私は長い間、あるアイデアから始まってまったく予想できない結果に終わるような計画性のないやり方をうまく要約してくれる英単語を探してきました。その結果、行き当たったのが「tinkering（ティンカリング）」[‡]です。この言葉は人々が重ねた試行錯誤の道筋を説明するために、いろいろな分野で使われています。たとえば、ヌーヴェル・ヴァーグの監督たちは「tinkerers」と呼ばれました。私が今までに見たなかで、もっとも良いtinkeringの定義は、サンフランシスコのエキスプロラトリウム[††]のものです。

tinkeringとは、あなたが好奇心、空想、奇想に導かれて、やり方のわからない事柄に挑戦することです。tinkeringに説明書はありません。正しいやり方や間違ったやり方はなく、失敗もありません。それは物の仕組みを理解することと手を加えて作り直すことに関係しています。

複数の機械、珍しい仕掛け、不揃いな物体が調和しながら機能することがtinkeringの真髄であり、その基本は遊びと調べごとを結びつけるプロセスといえます。

基本的な部品から電子回路を作り出そうとすると、たくさんの経験が必要になります。私はそれを身をもって学びました。

もう1つのブレークスルーは、家族とロンドンの科学博物館を訪れた1982年の夏にやってきます。オープンしたばかりのコンピュータの展示室でガイドツアーに参加した私は、二進数とプログラミングの基礎について学びました。

そこで理解したのは、技術者が基本的な部品から電子回路を組み立てるかわりに、マイクロプロセッサ上に「知性」を実装することで、さまざまなアプリケーションを実現できるということです。ソフトウェアが回路設計の手間を省いて、すばやいtinkeringを可能にしてくれます。

[†] 訳注：独BRAUN社の電子回路学習キット「Lectron」のこと。ディーター・ラムスは同社のチーフデザイナーとして1995年までさまざまな製品を手がけた。

[‡] 訳注：[tinker] いじくりまわすの意。素人が機械の修理をするようなときに使われる言葉。古くは鍋修理をする行商人のこと。

[††] 訳注：エキスプロラトリウム (Exploratorium) は1969年にフランク・オッペンハイマーが設立した科学博物館。体験型の学習を重視している。

ロンドンから帰った私は、コンピュータを買ってプログラミングを覚えるため、お金を貯めることにしました。

新品のZX81[†]コンピュータを使った最初でかつ最重要なプロジェクトは溶接機械の制御です。エキサイティングな計画とは言えませんでしたが、必要性があったし、プログラムを学び始めたばかりの私にとっては大きなチャレンジだったと言えるでしょう。このとき、複雑な電子回路を修正するよりも数行のコードを書く方が時間の節約になることがはっきりしました。

それから二十数年がたった今、こうした経験が、数学のクラスをとるつもりがない人々にエレクトロニクスを教えること、そして、子供時代から変わらない私のtinkeringに対する情熱を伝えることを可能にしています。

—— Massimo

謝辞
Acknowledgements

Ombrettaに捧げます。

—— Massimo Banzi

この本を私の兄弟と両親に捧げます。

私をArduinoの世界に招待し、本書の執筆に誘ってくれたMassimo Banziに感謝します。このプロジェクトに関われたことは名誉であり喜びです。

Brian Jepsonは私を導き、監視し、勇気づけてくれました。Frank Tengのおかげで私は軌道からはずれることがありませんでした。Kim CoferとNicole Shelbyの見事な編集作業に敬意を表します。

私のことを尊敬してくれている娘、Yasmineがいなかったら、この仕事を完遂することはできなかったでしょう。もっぱら自分の興味を追求する父親を、彼女はずっと応援してくれました。

最後に大事なパートナー、Judy Aime' Castroに感謝を捧げます。彼女は私の落書きめいたイラストをきれいに清書してくれました。本書の内容に関する終わりない議論にも付き合ってくれた彼女のサポートは欠かせないものでした。

—— Michael Shiloh

---

†　訳注：ZX81は英シンクレア・リサーチ社が1981年に発売したホームコンピュータ。洗練されたデザインと低価格（アメリカ版は100ドル）が特徴だった。

意見をお聞かせください
How to Contact Us

この本に関するコメントや質問は、出版社までお願いします。

株式会社オライリー・ジャパン
〒160-0002　東京都新宿区四谷坂町12番22号
電話 03-3356-5227　FAX 03-3356-5261

この本のウェブサイトには、正誤表やコード例などの追加情報が掲載されています。URL は以下のとおりです。
http://shop.oreilly.com/product/0636920029267.do
www.oreilly.co.jp/books/9784873117331

この本に関するコメントや質問を電子メールで送るには、以下のアドレスへお願いします。
japan@oreilly.co.jp

大切なお知らせ

　読者の安全は読者自身の責任で確保するものとします。これには適切な機材と保護具を使用すること、自らの技能と経験を適切に判断することも含まれます。電動工具、電気などプロジェクトで使用する要素は、適切に扱わなかったり、保護具を使用しない場合、危険を及ぼすこともあります。解説に使用している写真、イラストレーションは、手順をよりわかりやすくするために、安全のために必要な準備や保護具を省略している場合があります。また、本書のプロジェクトは、児童が行うことを意図したものではありません。

　本書の内容の利用は読者自身の責任で行うものとします。株式会社オライリー・ジャパン、著者、訳者は、本書の解説を運用した結果起こった損害、障害について責任を負いかねます。読者の活動が法律、著作権を侵していないか確認するのは読者自身の責任です。

1 イントロダクション
Introduction

Arduino はインタラクティブなものを作るためのオープンソース・フィジカルコンピューティング・プラットフォームです。単独で動作し、他のコンピュータと連携させることもできます。Arduino を使うために電子工学のプロになる必要はありません。フィジカルコンピューティングを自分の作品に取り入れたいアーティスト、デザイナー、学生といった人々のためにデザインされています。

Arduino のハードウェアとソフトウェアはオープンソースであり、その哲学が知識を共有しようとするコミュニティを育みます。初心者にとって、多様なスキルを持つ人々がいつも親身にサポートしてくれるオンラインコミュニティの存在は重要です。コミュニティを通じて膨大な分野の作例に触れることができ、完成写真だけでなく、自分のプロジェクトを始めるのに役立つ詳細な情報も一緒に公開されています。

IDE（Integrated Development Environment＝統合開発環境）とも呼ばれる Arduino のソフトウェアは無料で、www.arduino.cc からダウンロードすることができます。Arduino IDE は Processing 言語（www.processing.org）をベースに開発されました。Processing はエンジニアの手を借りずにコンピュータアートを作りたいアーティストのためのツールです。Arduino IDE は Windows、Mac、そして Linux で動作します。

Arduino ボードは初心者でも扱いやすく低価格なハードウェアです。本書で使用する Uno や Leonardo は 30 ドル以下。もし壊してしまっても、交換用のチップは 4 ドルほどで入手できます[†]。

Arduino のハードウェアは自作も可能です。設計図をダウンロードして自分のプロジェクトに取り入れたり、ボードの仕組みを勉強することができます。

Arduino は教育的な環境で発展し、教育現場のツールとしても一般的です。オープンソースであることは教材や指導法の共有に繋がりました。Arduino と教育をテーマにしたメーリングリストも用意されています（bit.ly/1vKhOwb）。

この本は Arduino に初めて触れる完全な未経験者のために書かれています。

対象読者

この本はもともとの Arduino ユーザーであるデザイナーとアーティストを対象に書かれました。技術的厳密さを求めるエンジニア指向の人には物足りなかったり、納得できない部分があるかもしれません。正統派の電子工学を学びたい人には専門書を読んでもらうことにして、この本では Arduino 流の考え方とやり方を解説していきます。

[†] 訳注：チップの交換に対応しているのは DIP 版の Arduino Uno だけで、Arduino Uno SMD や Leonardo のチップ交換は難しいです。

Arduinoがポピュラーになるにつれて、実験者、ホビイスト、そしてハッカーたちが美しくクレージーな作品を作るために使うようになりました。人はみな生まれながらにアーティストでありデザイナーなのです。

—— Massimo

 Arduinoは、Interaction Design Institute Ivrea 在学中にケイシー・リース（Casey Reas）と私のもとで学んだエルナンド・バラガン（Hernando Barragan）の研究成果であるWiringをベースにしています。

インタラクションデザイン

Arduinoはプロトタイピングを重視するインタラクションデザインの教材として生まれました。「インタラクションデザイン」という言葉には複数の定義がありますが、私が好きなのはこれです。

インタラクションデザインとはあらゆるインタラクティブな経験のデザインである。

人々が工業製品や私たちの作品に接するとき、豊かな経験が生まれるかどうかはインタラクションデザインしだいです。人とテクノロジーの間の美しい —— ときには論争を呼ぶ —— 関係を探求する上で、インタラクションデザインに着目するのは良い方法と言えるでしょう。

インタラクションデザインに使われる手法のなかで、もっとも重要なのがプロトタイピングです。適合度を高めながら繰り返しプロトタイプを作ることでデザインを強化していきます。この方法はテクノロジー、とりわけエレクトロニクスを取り入れたいときに適しています。

Arduinoに関係するインタラクションデザインの一領域がフィジカルコンピューティング（あるいはフィジカルインタラクションデザイン）です。

フィジカルコンピューティング

フィジカルコンピューティングとは、エレクトロニクスを使ってデザイナーやアーティストのために新しいものを生み出すことです。センサとアクチュエータを通じて人間と意思疎通するものを設計することが、その中心課題となるでしょう。そうしたものをコントロールするのは、マイクロコントローラ（マイコン）の中で動作するソフトウェアで、マイコンは1つのチップに機能が集約された小さなコンピュータです。

従来、エレクトロニクスを利用するには、技術者に頼んで小さな部品から電子回路を作ってもらわなければなりませんでした。使用するツールも多くは技術者専用で、大量の知識を必要とし、クリエイターが直接いじって遊べるようなものではなかったのです。しかし、近年、マイコンが安く便利になり、コンピュータの性能が向上したおかげで、使い勝手の良いツールが作れるようになってきました。

私たちがArduinoで達成した進歩は、こうしたツールを初心者のもとへさらに一歩近づけ、2〜3日のワークショップを経験するだけで作品を作れるようにしたことです。Arduinoを使えば、デザイナーやアーティストはエレクトロニクスの基礎をすばやく学び、ごくわずかな投資でプロトタイプを作り始めることができます。

2 Arduinoの流儀
The Arduino Way

デザインについて語ることよりも作ることのほうがArduinoの哲学に適っています。良いプロトタイプを作るために、より速く、よりパワフルな手法を探索し続けることが重要です。自分の手を使って考えながら、いろいろなテクニックを試し、発展させましょう。

　古典的な工学は、A地点からB地点へ向かう厳密なプロセスに依拠しています。一方、Arduino流のやり方は、道に迷ったあげくC地点にたどり着いてしまう可能性を楽しんでしまいます。

　これが私たちの愛するtinkeringのプロセス——開放されたメディアで遊びながら予期しないものを探す行為——です。また、そうした探索の過程で、ハードとソフトの両面から試行錯誤を繰り返すのに最適なソフトウェアパッケージを見つけました。

　この章ではArduinoの流儀に影響を与えた哲学、出来事、そしてパイオニアたちを紹介します。

005

Prototyping

プロトタイピング

Arduinoの流儀の核心はプロトタイピングです。オブジェクトと相互作用するオブジェクト、あるいは人間やネットワークと対話するオブジェクトを作ります。可能な限り安くてシンプルで速いプロトタイプの作り方を求めて奮闘してください。

初めてエレクトロニクスに触れる初心者は、一からすべてを作り上げなくてはいけないと考えがちなのですが、それはエネルギーの無駄遣いというものです。あなたにとって大事なのは、自分のやる気が消えてしまう前に、あるいは誰かがあなたにお金を払いたいと思ってくれているうちに、すばやく何かを作り上げることのはずです。

大会社の優秀なエンジニアたちが重労働して開発した製品をハックすれば済むのに、全部自分で作るという、時間を食い技術的な知識を要求するプロセスにエネルギーを浪費する必要がありますか？ ご都合主義的プロトタイピングで行きましょう。

ちなみに、我らのヒーロー、ジェームズ・ダイソン（James Dyson）はサイクロン式掃除機の出来映えに満足するまで、5127台ものプロトタイプを作りました。

Tinkering

いじくりまわす

　ときには明確なゴールを持たないまま、ハードウェアやソフトウェアの可能性を直接的に探索し、テクノロジーで遊んでみることが重要であると私たちは考えています。

　既存のテクノロジーを再利用することが、一番良いtinkeringの方法です。安いオモチャや使われなくなった古い機械をバラバラにして、なにか新しいモノに作りかえることは、良い結果を生む手法の1つです。

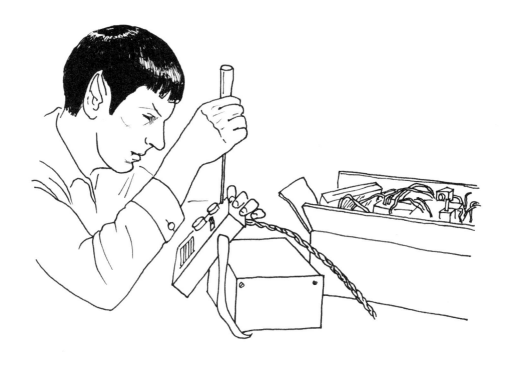

007

Patching

パッチング

シンプルなデバイスをつなぎ合わせることで複雑なシステムを作り上げるモジュール方式の考え方に心を奪われます。このプロセスはロバート・モーグ（Robert Moog）のアナログシンセサイザによって、うまく説明できるでしょう。ミュージシャンはさまざまなモジュールをケーブルによって「パッチする」ことで、無限の組み合わせを試しながら、サウンドを作り上げます。昔の電話交換台にツマミを並べたような見た目のシンセサイザは、音楽を創造し、サウンドをいじくりまわすための完璧なプラットフォームです。モーグはこのプロセスを「発見と目撃の間の何か」と表現しました。ほとんどのミュージシャンは数百あるツマミの意味を理解せずに使い始めるはずです。それでも、試行錯誤を重ねながら、とぎれのない流れのなかで自分のスタイルを磨いていくことができます。

—— Massimo

　流れをむやみに中断しないいじりやすさこそが、創造性にとって重要です。

　パッチングの考え方は Max、Pure Data、VVVV [†] といったビジュアルプログラミング環境の世界へ移植されました。これらのツールでは、提供される個々の機能が「箱」として視覚化されていて、それらをつなぎ合わせて「パッチ」を作れるようになっています。こうした環境なら、ユーザーは典型的なプログラミングにつきものの「プログラムを書き、コンパイルし、エラーに悪態をつき、エラーを直し、またコンパイルし、走らせる」という中断の連続から無縁でいられます。もっとビジュアルにやりたいと思うなら、そうすることをお勧めします。

[†]　訳注：Max は 1980 年代半ばにミラー・パケット（Miller Puckette）が開発した音楽製作のためのプログラミング環境。現在は Cycling '74 社によってメンテナンスされている。Pure Data はパケットにより Max の後継として開発を始められたオープンソースプロジェクト。VVVV は Max/Pure Data 流のビジュアルプログラミングをリアルタイムのビデオ処理に適用したもの。

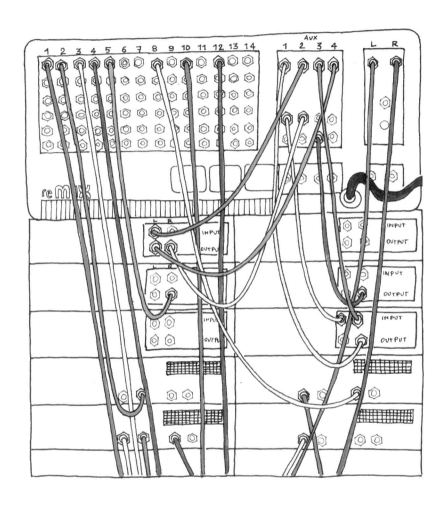

Circuit Bending

サーキットベンディング

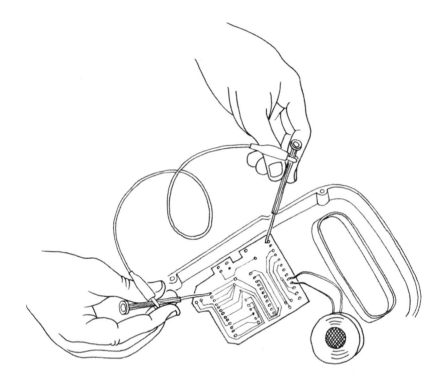

　サーキットベンディングはもっとも楽しい機械いじりのスタイルです。ギターのエフェクタ、子供のオモチャ、小型のシンセサイザといった低電圧のバッテリで動作するオーディオ機器の内部をショートさせることで、新しい楽器を作り出します。

　サーキットベンディングは「偶然の芸術」と言えるでしょう。1966年にリード・ガザラ（Reed Ghazala）が引き出しのなかにあった金属部品でおもちゃのアンプを偶然にショートさせてしまったところ、聞いたことのない音の奔流が生まれました。自分がやっていることの理論面を理解することなく、ただいじくりまわすことによって野蛮な装置を作り出すサーキットベンダーたちの能力は敬愛に値します。

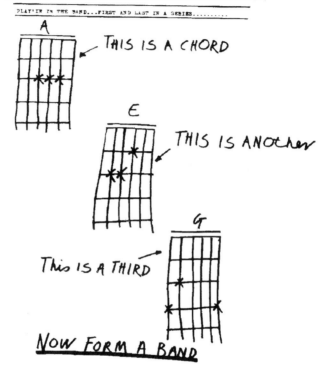

　サーキットベンディングの精神は、ギターのコードを3つ知っていればバンドを始められるとしたイギリスで最初のパンクファンジン「SNIFFIN' GLUE」に通じます。

　その道の達人に「君は絶対達人にはなれない」と言われても、そんな言葉は無視して、驚かせてやりましょう。

Keyboard Hacks

キーボードハック

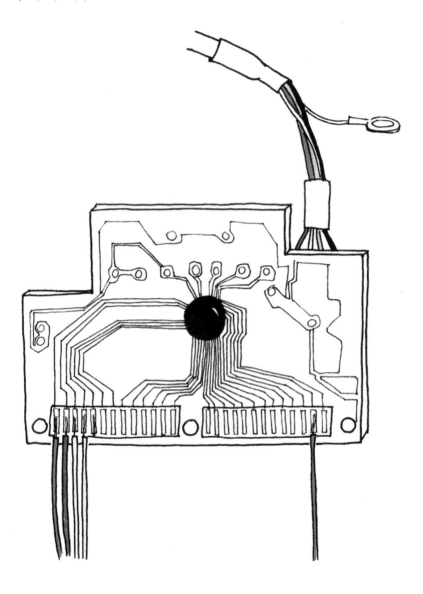

この60年間ずっと、キーボードはコンピュータと対話する主な方法でした。MITメディアラボのアレックス・ペントランド（Alex Pentland）は「汚い話で恐縮ですが、小便器のほうがコンピュータよりもまだスマートです。コンピュータは周囲のものから孤立していますから」[†]と語ったことがあります。

キーボードのキーを取っ払い、かわりにセンサを搭載することで、コンピュータとの新たな対話手段を作ってみましょう。

キーボードを分解すると、簡素な（安っぽい）基板が現れるはずです。この変な匂いのする緑か茶色の板が心臓部で、2組の接点からはキーにつながるケーブルが出ています。そのコネクタを取り外し、電線で端子をブリッジさせると、コンピュータの画面に文字が現れます。

モーションセンサを買ってきてキーボードに接続すれば、誰かがコンピュータの前を通るたびにキーが押されたように見えるはずです。この入力を好みのソフトウェアに割り当てれば、コンピュータは小便器なみに賢くなるというわけです。キーボードハッキングから学べることは、プロトタイピングとフィジカルコンピューティングの鍵となります。

[†] 原注：Sara Reese Hedberg, "MIT Media Lab's quest for perceptive computers," Intelligent Systems and Their Applications, IEEE, Jul/Aug 1998.

013

We Love Junk!

ジャンク大好き！

　人はさまざまなテクノロジーを捨てます。古くなったコンピュータやプリンタ、特殊な事務機、測定器、そして膨大な量の軍用品が日々廃棄されています。こうした放出品を扱うマーケットも常に存在していて、それはとくに若くて貧しいハッカーのためのものです。私たちがArduinoを開発したイブリアにもありました。

　イブリアはオリベッティの本社があった街です。オリベッティは1960年代にコンピュータの生産を始め、1990年代半ばにあらゆるものをイブリアの廃品置き場へ放り出しました。そこにはコンピュータ部品や電子部品、それからあらゆる種類の変わったデバイスがあり、ハッカーたちは何時間もそこで過ごして、作品に使えそうなガラクタをわずかな代金で買ったものです。ほんの少しの出費で数千個のスピーカを手に入れられるとしたら、誰だってそれで何ができるかを考えはじめることでしょう。作品を一から作ろうとする前に、ジャンクを漁ってみるのも1つの手です。

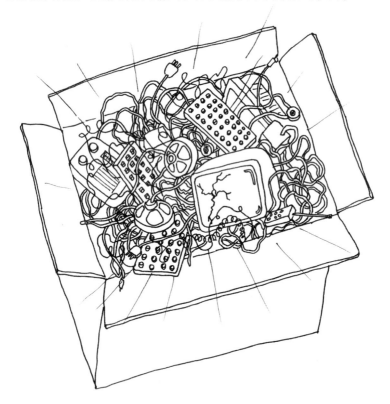

Hacking Toys

オモチャをハック

サーキットベンディングの項でも触れましたが、オモチャはハックして再利用するのに適したチープテクノロジーの固まりです。中国から押し寄せる安いハイテクオモチャを改造すれば、アイデアをすばやく実現することができます。

この数年来、私はオモチャを使って、テクノロジーは難しくも恐ろしくもないということを学生たちに教えようとしてきました。ウスマン・ハック（Usman Haque）とアダム・ソムレイ・フィッシャー（Adam Somlai-Fischer）による『Low Tech Sensors and Actuators』[†]という私が大好きな本には、オモチャを有効活用するテクニックが完璧に記述されています。

---

† 原注："Low Tech Sensors and Actuators" Usman Haque and Adam Somlai-Fischer (lowtech.propositions.org.uk).

Collaboration

コラボレーション

　ユーザー間のコラボレーションは Arduino における基本原理の1つです。世界中から集まった人々が、www.arduino.cc のフォーラムを通じて共に学んでいます。Arduino チームがどこかの街を訪れたときは、地元の人たちに、ローカルなユーザーグループを立ち上げてコラボレーションすることを薦めています。また、www.arduino.cc には「Playground」（www.arduino.cc/playground）と呼ばれる wiki があって、ユーザーたちは Arduino を使っていて気付いたことを書き残すことができます。そこに注ぎ込まれた誰でも利用できる知識の量を考えると、驚くばかりです。

　Arduino コミュニティにおける共有と助け合いの文化は、私がもっとも誇りに思う部分です。

—— Massimo

3 Arduinoプラットフォーム
The Arduino Platform

Arduinoは大きく分けて2つの要素から成り立っています。Arduinoボードは作品製作に使うハードウェアです。Arduino IDEはソフトウェアで、あなたのコンピュータの上で動作します。Arduinoボードにアップロードするスケッチ（小さなコンピュータプログラム）を作るためにこのIDEを使います。スケッチはボードに何をすべきか伝えます。

　そう遠くない昔の話ですが、ハードウェアに取り組むということは、数百個もの抵抗器、コンデンサ、インダクタ、トランジスタといった聞き慣れない名前の部品を使って、一から回路を組み立てることを意味しました。

　回路は単一の用途のために配線されていて、どこか変更することになると、線を切ったりハンダ付けをしなおしたりといった作業が必要になったものです。

　デジタル技術とマイクロプロセッサの登場によって、電線を使う変更のきかないやり方はソフトウェアにとって代わられました。

　ソフトウェアはハードウェアよりも変更が簡単です。いくつかのキーを押すだけで、ある装置のロジックを劇的に変えることができます。抵抗器を2個ハンダ付けする時間で、2つか3つのバージョンを試すことができるでしょう。

Arduinoのハードウェア

　Arduinoボードを見ると、28本の「足」が生えた黒くて細長いチップがあるでしょう。SMDタイプのボードには薄くて小さな正方形のプラスチックが載っているはずです。これが心臓部、ATmega328Pマイコンです。

　　　Arduinoボードはバラエティ豊富ですが、本章で解説するArduino Unoがもっとも一般的。6章でUno以外のボードの例としてLeonardoを紹介します。

017

Arduino ボードは小型のマイコンボードです。小さな電子回路基板（ボード）の上にもっと小さなチップ（マイクロコントローラ＝マイコン）が載っています。Arduino のマイコンが持っているパワーは、この原稿を書くのに使っている MacBook の数千分の一に過ぎませんが、ずっと低価格で、面白いデバイスの開発にとても役立ちます。

マイコンが正しく動作し、コンピュータと通信するのに必要な機能がすべて1枚のボードにまとめられています。Arduino ボードには多くの種類がありますが、本書で使用する Arduino Uno [†] はもっとも簡単に使え、Arduino を学ぶのに最適な機種です。この本に書かれていることのほとんどは、初期の機種を含むすべての Arduino ボードに適用できます。

図 3-1 に上からみた Arduino Uno を示します。

Arduino の上面に並んでいる板状のものは端子の集まりで、ここにセンサやアクチュエータを接続します。センサは外界の状態を読み取ってコンピュータが理解できる信号に変換し、アクチュエータは信号を外界に作用する動きに変換します。

たくさんの端子があるので、最初はちょっと混乱するかもしれません。ここでは、本書で使う入力ピンと出力ピンについて簡単に説明します [‡]。より詳しい説明は各ピンを実際に使うとき改めてしますので、まずは概要を掴んでください。

14 本のデジタル IO ピン（pin 0〜13）

入力（INPUT）または出力（OUTPUT）として使えます。IDE で作成するスケッチのなかでどちらかに設定します。センサから情報を読み取るときは入力、アクチュエータをつなぐときは出力です。デジタルピンで扱う値は2種類（HIGH か LOW）だけです。

6 本のアナログ IN ピン（pin 0〜5）

アナログピンはアナログセンサの電圧を読み取るのに使います。HIGH か LOW しかないデジタルピンと違い、アナログピンは電圧を 0 から 1023 の値として認識します。

[†] 訳注：Arduino Uno の入手方法（ショップ名、品番、URL）
秋月電子通商：M-07385 (akizukidenshi.com)
共立電子エレショップ：C1I361 (eleshop.kyohritsu.com)
スイッチサイエンス：ARDUINO-A000066 (www.switch-science.com)
ストロベリー・リナックス：35018 (strawberry-linux.com)
マルツ：ARDUINOUNO (www.marutsu.co.jp)

[‡] 訳注：ピンと端子
Arduino の入出力端子はピン（pin）と呼ばれます。マイコンから突き出ている銀色のピンがその由来ですが、Arduino ボードを使うときは黒いコネクタの穴のことを指していると理解した方がいいかもしれません。コネクタの穴とマイコンのピンは電気的につながっています。

6本のアナログOUTピン（pin 3、5、6、9、10、11）

デジタルピンの6本はアナログ出力として使うこともできます。どのピンをアナログ出力とするかは、スケッチで指定します。

Arduinoボードはコンピュータの USB ポート、USB 充電器、AC アダプタなどを電源とすることができます（AC アダプタは9ボルトの2.1ミリ・センタープラス型を推奨）。同時にUSBと電源端子の両方に電源をつないでもかまいません。その場合は電源端子につながれた AC アダプタが電源となります。

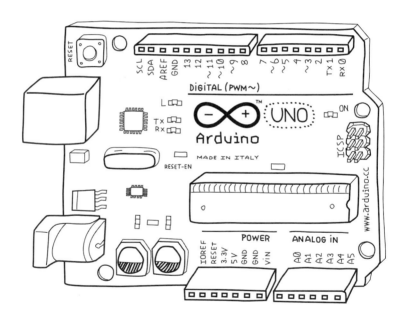

図3-1 Arduino Uno

ソフトウェア（IDE）

　IDE（Integrated Development Environment＝統合開発環境）はあなたのコンピュータで動作するArduino専用のソフトウェアです。Processing言語（www.processing.org）を元にしたシンプルな言語を使って、Arduinoボードで実行するスケッチを書くことができます。

　スケッチをボードへアップロードするボタンを押すと、マジックの始まりです。スケッチはまずC言語（初心者にはちょっと難しいプログラミング言語）に変換され、そのあとavr-gccというオープンソースソフトウェアへ渡されます。avr-gccの役目はC言語のプログラムをマイコンが理解できる形式へ翻訳することです。最後に、形を変えたスケッチはボードへと送られ、実行されます。

　こうした一連の処理は見えないところで自動的に行われます。Arduino IDEはマイコンプログラミングの複雑さを可能な限り隠すことで、人生をシンプルにしてくれるわけです。

　Arduinoプログラミングの基本的な手順は次の通りです。

1. コンピュータのUSBポートにArduinoボードを接続。
2. IDEの上でスケッチを書く。
3. スケッチをボードへUSB経由でアップロードし、ボードがリスタートするまで数秒間待つ。
4. ボードがスケッチを実行する。

Arduino IDEのインストール方法

　ArduinoボードをプログラムするためにはまずIDEをインストールする必要があります。下記のページから、あなたのオペレーティングシステム（OS）に合うファイルをダウンロードしてください[†]。
www.arduino.cc/en/Main/Software

　Linuxにインストールする方法については、Arduinoサイトの"Learning Linux"（playground.arduino.cc/Learning/Linux）を参照してください。

IDEのインストール：Mac編

　ダウンロードしたファイル（Arduino.app）をアプリケーションフォルダへ移したら、IDEのインストールは完了です。

[†] 訳注：2015年4月現在、arduino.ccからIDEダウンロードのリンクをクリックすると寄付を募るページが表示されます。Arduinoプロジェクトへ資金提供を行いたい人はここで金額と支払い条件を入力して"Contribute & Download"を選択します。寄付をせずダウンロードする場合は"Just Download"をクリックしましょう。

ドライバの設定：Mac 編

Arduino Uno は Mac OS X が提供するドライバを使うので、ユーザーがインストールする必要はありません。

Arduino ボードと Mac を USB ケーブルでつないでみましょう。ON というラベルの LED が点灯し、L というラベルの LED が点滅を始めます。

Mac にボードを接続したとき、新しいネットワークインタフェイスが検出されたことを示すポップアップウインドウが表示されることがあります。その場合はネットワーク環境設定を開き、「適用」をクリックしてください。Arduino ボードのためにネットワークの設定をする必要はないので、そのまま設定ウインドウを閉じてかまいません。

ソフトウェアの準備はこれで完了。次は Arduino ボードが接続されているポートの選択です。

ポートの確認：Mac 編

ボードが接続されている状態で Arduino IDE のアイコンをダブルクリックして IDE を起動してください。IDE が表示されたら「Tools」メニュー[†]から Port を開き、「/dev/cu.usbmodem」または「/dev/tty.usbmodem」で始まる項目を選択します。どちらの名前も今 Mac に接続されている Arduino ボードを指しています。2つとも表示されたときは、どちらか好きなほうを選択してください。

ここまで来たらあと少し。使用するボードをメニューから選択します。
「Tools」メニューの「Board」を開き、「Arduino Uno」をクリックしてください。Uno 以外のボードを使用するときも、このメニューで正しいボード名を選択します。

おめでとう！ Arduino のインストールが終わりました。次の章へ進みましょう。

うまくいかないときは、9章「トラブルシューティング」を参照してください。

[†] 訳注：日本語環境で Arduino IDE を実行すると、メニューや基本的なメッセージは日本語で表示されます。

021

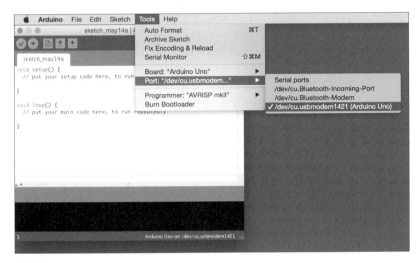

図3-2 Arduino Unoが接続されているシリアルポートを選択

IDEのインストール：Windows編

ダウンロードしたインストーラ（exeファイル）をダブルクリックし、ライセンスに合意したら「I Agree」ボタンを押してください。

次に表示されるコンポーネントの選択画面では、そのまま「Next」をクリックします。その次の画面ではインストールするフォルダを指定できますが、特に変更する必要がなければそのまま「Install」ボタンを押してください。

ファイルのコピーが終わるとデバイスソフトウェアのインストールが始まります。セキュリティに関する確認のポップアップで「インストール」を選択すると、すぐにインストールは終了です。「Close」をクリックしてインストーラを閉じましょう。

ドライバの設定：Windows編

ArduinoボードとWindows PCをUSBケーブルでつないでみましょう。ONというラベルのLEDが点灯し、LというラベルのLEDが点滅を始めます。

Windowsが正しいドライバを自動的に見つけるので、ユーザーによる設定は不要です。

 もしこの段階で問題が生じたら、9章の「Windows用ドライバーの自動インストールに失敗したとき」を参照してください。

ポートの確認：Windows編

ボードが接続されている状態でArduino IDEのアイコンをダブルクリックしてIDEを起動してください。IDEが表示されたら「Tools」メニューから「Port」を開き、Arduinoボードが接続されているCOMポートを選択します。

図3-4のように、接続中のボード名が表示されているときは、それを選択してください。

もし、複数のCOMポートがあって、どれがArduinoのポートかわからないときは次のようにします。まず「Port」メニューに表示されているCOMポートの番号を全部メモしてください。そうしたらいったんArduinoボードからUSBケーブルを抜いて、再度メニューを開きます。メモと比較して、このとき消えているポートがArduinoのポートということになります。

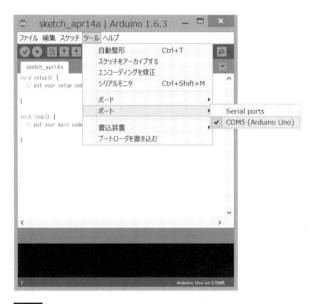

図3-3 Windows版Arduino IDEのポート選択メニュー

 COMポートの識別ができないときは、9章の「WindowsでArduinoが接続されているCOMポート番号を調べる方法」を参照してください。

ここまで来たらあと少し。使用するボードをメニューから選択します。
「Tools」メニューの「Board」を開き、「Arduino Uno」をクリックしてください。Uno以外のボードを使用するときも、このメニューで正しいボード名を選択します。

おめでとう！ Arduinoのインストールが終わりました。次の章へ進みましょう。

023

4 スケッチ入門
Really Getting Started with Arduino

それではいよいよインタラクティブなデバイスの作り方を学んでいきましょう。

インタラクティブデバイスの解剖学

　Arduinoを使って作るオブジェクトはすべて「インタラクティブデバイス」と称してかまわないでしょう。
　インタラクティブデバイスはセンサ（現実世界を測定した結果を電気信号に変える素子）を使って環境の情報を読み取ることができる電子回路です。センサからの情報はソフトウェアとして実装された「ふるまい」に基づいて処理されます。また、インタラクティブデバイスはアクチュエータ（電気信号を物理的な動きに変換する素子）を通じて現実世界に働きかけることができます。

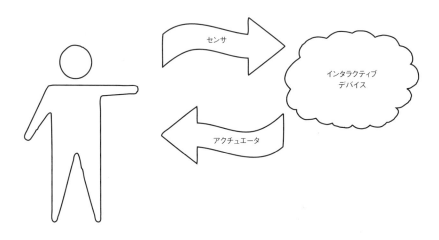

図4-1 インタラクティブデバイス

センサとアクチュエータ

センサとアクチュエータはインタラクティブデバイスが世界と電子的に相互作用することを可能にします。

小さなコンピュータであるマイコンが処理できるのは電気信号（私たちの脳のなかでニューロンの間を飛び交う電気的なパルスにちょっと似ています）だけなので、光や温度を知るためには、それを電気信号に変えてくれる何かが必要です。私たちの身体を例にすると、目は光を信号に変えるセンサといえます。これと同じことを電子的にやるとしたら、フォトレジスタ（CdS）と呼ばれるシンプルな素子を使うことができるでしょう。フォトレジスタは受けた光の量を測り、マイコンが理解できる信号として報告します。

センサから受け取った情報は、判断材料となります。どう反応すべきか判断を下すのはマイコンの役目で、反応を外に示すのはアクチュエータです。もう一度私たちの身体を例にすると、目からの情報をもとに脳が判断し、脳からの信号を受けた筋肉が運動するという流れになります。

アクチュエータとして使われることが多いのはライトや電気モータです。さまざまなセンサとアクチュエータの使い方については、次の章以降で触れます。

LED を点滅させる

LED 点滅スケッチは Arduino ボードと Arduino IDE が正常に動作するかテストするために、一番はじめに実行すべきプログラムです。また、マイコンプログラミングの最初の練習にも最適です。

発光ダイオード（LED）は豆電球に似ていますが、ずっと効率的で扱いやすい電子部品です。Arduino ボードにはこの例で使用する LED があらかじめ載っていて、Arduino Uno の場合は 13 番ピンの下にある「L」のラベルがついた LED がそれです。図 4-2 のように、13 番ピンの穴に自分の LED を差し込んで試すこともできます†。

 LED を長時間点灯させたい場合は、図 5-4 のように抵抗器を使用してください。

「K」の文字がある短いリード線をカソード、「A」が付いている長いリード線をアノードといい、カソードはマイナス側（GND）に、アノードはプラス側に接続します。

LED を接続したら、コード‡を書いて Arduino にするべきことを伝えます。コードはマイコンに与える命令のリストです。

---

† 訳注：LED の入手先（ショップ名、品番、URL）：
　秋月電子：I-1317（akizukidenshi.com）
　共立電子エレショップ：36K13F（eleshop.kyohritsu.com）
‡ 訳注：著者はスケッチとコードという 2 つの言葉を厳密には使い分けていませんが、この本においてはプログラム全体がスケッチで、それを構成する 1 行あるいは複数行がコードという捉え方でだいたい良いと思います。

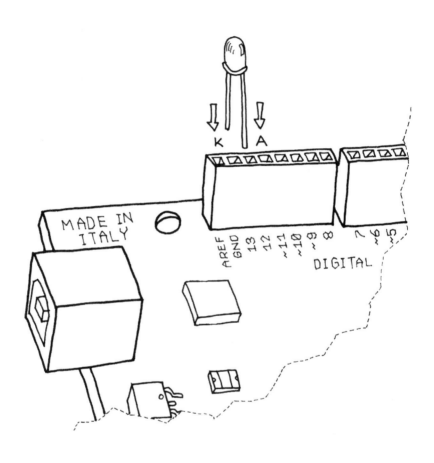

図 4-2 LED を Arduino ボードに接続する

Arduinoアイコンをダブルクリックして、Arduino IDEを実行しましょう。Macユーザーの人は自分でアイコンをアプリケーションフォルダなどにコピーしましたね。Windowsの場合、アイコンはデスクトップやスタートメニューにあるはずです。

IDEが立ち上がったら「File」メニュー→「New」と選択して新しいスケッチを開き、下記のスケッチ（Example 4-1）を打ち込んでください。

また、IDEと一緒にインストールされる例のなかにも、ほぼ同じスケッチが含まれていて、「File」→「Examples（スケッチの例）」→「01.Basics」→「Blink」とたどっていくと、そのスケッチを開くことができます。ただし、本書のコードと動作は同じですがコメントや改行の位置などは異なります。

Example 4-1 LEDの点滅

```
// Blinking LED

const int LED = 13;    // LEDはデジタルピン13に接続

void setup()
{
  pinMode(LED, OUTPUT); // デジタルピンを出力に設定†
}

void loop()
{
  digitalWrite(LED, HIGH); // LEDを点ける
  delay(1000);             // 1秒待つ
  digitalWrite(LED, LOW);  // LEDを消す
  delay(1000);             // 1秒待つ
}
```

---

† 訳注：日本語のコメント（//から始まる部分）を入力するのが面倒なときは、省略してしまっても大丈夫。

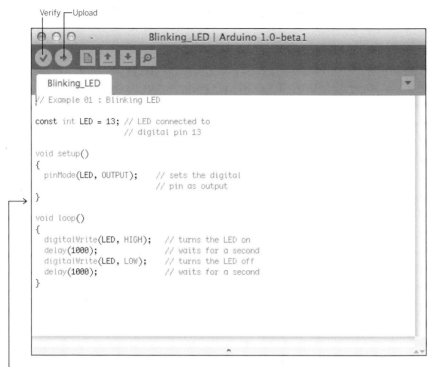

図4-3 最初のスケッチが入力されたArduino IDE

　IDEにスケッチを入力したら、間違いがないか確認しましょう。良ければ左端の「Verify（検証）」ボタンを押してください。1つの誤りもなければ、「Done compiling（コンパイル終了）」というメッセージがArduino IDEの下部に表示されるはずです。このメッセージはArduino IDEがあなたのスケッチをArduinoボードが実行可能なものに翻訳し終えた、という意味です。

　スケッチに間違い（エラー）があると、赤字でエラーメッセージが表示されます。おそらく打ち間違いが原因ですから、入力したスケッチを慎重に見直してエラーを発見し、訂正してください。閉じカッコや行末のセミコロン（;）を忘れていませんか？　小文字にすべきところを大文字にするのもダメです。0とO（ゼロとオー）、1とl（イチとエル）の間違いにも気をつけましょう。

　スケッチに間違いがないことを確認したら、いよいよボードにそのスケッチを書き込みます。右向き矢印の「Upload（書き込み）」ボタンを押してください。するとIDEはすぐさまArduinoボードをリセットし、USB経由でスケッチを送り始めます。このとき、ウィンドウ下部にいくつかのメッセージが表示されるでしょう。「Done uploading（書き込み完了）」のメッセージは、処理が正常に終了したことを示します。L印のLEDが1秒間隔でチカチカしたら、スケッチが正しく動いている証拠です。図4-2のように、自分でLEDを取り付けた場合も、同じように光ります。

029

RXとTXという印が付いた2つのLEDがボード上にあります。これらはボードがデータを送ったり受け取ったりしているときに点灯します。アップロード中には、細かく点滅して見えるはずです。

もしこの明滅が見られなかったり、「Done uploading」の代わりにエラーメッセージが表示されたときは、コンピュータとArduinoボードの間に通信の問題が生じています。「Tools」メニュー→「Serial Port」で、正しいシリアルポートが選択されているか確認してください（3章参照）。また、「Tools」メニュー→「Board」で使用中の機種が選ばれていることも確認してください。

それでもまだ問題が解決しない場合は、7章「トラブルシューティング」を参照してください。

なお、いったんArduinoボードにアップロードしたスケッチは、別のスケッチをアップロードするまでボード上に残ります。リセットや電源オフによって消えることはありません。

さて、最初の「コンピュータプログラム」を書き、実行することができました。すでに述べたように、Arduinoは小さなコンピュータであり、あなたがさせたいことをプログラムすることができます。そのためには、プログラミング言語を使って一連の命令をArduino IDEに打ち込み、Arduinoボードで実行できる形式に変換する必要があります。

次の節から、スケッチの理解に欠かせない事柄を説明していきます。まずここで、Arduinoはスケッチを1行目から最終行へ向かって順番に実行していく、ということを覚えてください。QuickTime Playerのようなメディアプレーヤーでムービーを見ているときに、再生位置を示すマーカーが少しずつ右へ進んでいくあの感じです。

そのパルメザンを取ってください

はじめに、複数行のコードをまとめる、波カッコ { } の存在に注目してください。これは命令の集合に名前を付けたいときに役立ちます。

あなたがディナーの席上で誰かに「そのパルメザンチーズを取っていただけませんか？」と頼んだとしましょう。この短いフレーズは、そのあと起こるであろう一連のアクションを要約しています。相手が人間ならこれで機能します。しかし、人間の脳ほどパワフルな処理能力を持っていないArduinoのような存在に対しては、パルメザンを手渡すのに必要な小さいアクションを1つ1つ伝えてやらなければなりません。これが、波カッコで複数の命令を囲って、1つのグループにまとめる理由です。

コードを見ると、こんなふうに定義された2つのブロックがありますね。

```
void setup()
```

この行に続く { から } までがブロックです。void setup() はこのブロックにsetupという名前を与えています。もし、パルメザンの手渡し方をArduinoに教えるとしたら、void passTheParmesan() と書くことでしょう。このようなブロックのことを関数と呼び、いったん関数化してしまえば、スケッチのどこかに passTheParmesan() と書くだけで、そこに含まれる命令を実行できます。

常にArduinoは命令を1つずつ順番に実行します。2つの命令を同時に実行することはありません。関数が複数あるときも、ある関数の命令を実行し終えてから、別の関数へジャンプします。

Arduinoは止まらない

スケッチにはかならず setup( ) と loop( ) という2つの関数が存在します。

setup( ) には、スケッチが動き始めたときに一度だけ実行したいコードを書きます。loop( ) には繰り返し実行されるスケッチの核となる処理を書きます。

Arduinoは普通のコンピュータと違って、同時に複数のプログラムを実行したり、実行中のスケッチを自ら止めることができません。Arduinoボードの電源を入れるとスケッチは走り始めます。スケッチを終了させたいときは、ただ電源を切ります。

真のハッカーはコメントを書く

//で始まるテキストはコメントと呼ばれ、Arduinoから無視されます。コメントを残すのは、Arduinoのためではなく、あとで自分のコードを読むときに内容を思い出せるようにするためです。また、他人がコードを理解する助けにもなります。

スケッチを書いてアップロードし、「よし、できた。もうここはいじらないぞ」と言った6ヶ月後にバグを直すハメになる、ということは普通に起こります(もちろん、私の場合はいつもそんな感じです)。もし、開いたファイルにコメントがまったくなかったら「いったいどこから手を付ければいいんだ?」と嘆くしかありません。スケッチを読みやすく、そしてメンテナンスしやすくするための工夫を取り入れましょう。

1行ずつのコード解説

もしかするとあなたは、この手の解説を不要と考えるかもしれません。イタリアの学校では、かならずダンテの「神曲」やマンゾーニの「いいなづけ」を勉強するのですが、あれは悪夢でした。詩の一行一行に、100行ずつ解説がついているんです! とはいえ、自分でスケッチを書こうとする人にとっては、ここでする説明はとても役に立つと思います。

```
// Blinking LED
```

コメント機能はスケッチのなかに短いメモを残したいときに便利です。このコメントは、このスケッチがLEDを点滅(blink)させることを思い出させます。

```
const int LED = 13;  // LEDはデジタルピン13に接続
```

この行はLEDが13番ピンに接続されることを示しています。Arduinoはプログラム中にLEDという単語を見つけると13という数値に置き換えて処理します。const int は、LEDが整数(int)であり、プログラムの実行中に変更されない(constant)という意味です。このようなデータを定数といい、定数は一度定義した後はもうそのスケッチの中での変更はできません。

ここで12でも14でもなく13と定義しているのは、13番ピンにLEDが接続されているからで、「LED」と大文字になっているのは、定数は大文字で記述するのが一般的だからです。

```
void setup()
```

この行は、次のブロックが setup() という名前で呼び出されることを Arduino に告げています。

```
{
```

この波カッコで、コードのブロックが始まります。

```
pinMode(LED, OUTPUT); // デジタルピンを出力に設定
```

やっと面白い命令が登場しました。pinMode() はピンをどう設定すべきかを Arduino に伝えます。デジタルピンは入力（INPUT）か出力（OUTPUT）のどちらかとして使えますが、この例では LED をコントロールするために出力ピンが必要なので、ピン番号を表す「LED」と「OUTPUT」を指定しています。

　pinMode は関数です。関数の後ろのカッコの中に置かれる言葉や数字を引数といいます。pinMode 関数は 2 つの引数を必要とし、1 つ目でピン番号、2 つ目でそのピンの状態を指定します。LED はこのスケッチで定義した定数（LED という定数がピン番号の 13 に置き換わることを思い出してください）、OUTPUT や INPUT は Arduino 言語であらかじめ定義されている定数です。pinMode のような関数に定数をいくつか渡すコードは頻繁に登場します。

```
}
```

この閉じ波カッコは setup() 関数の終わりを示しています。

```
void loop()
{
```

loop() は、あなたのインタラクティブデバイスのふるまいを決める部分です。loop() はボードの電源が切られるまで、何度も繰り返し実行されます。

```
digitalWrite(LED, HIGH); // LEDを点ける
```

digitalWrite() は出力に設定されたピンをオンまたはオフにします。pinMode 関数と同様に引数は 2 つあり、1 つ目の引数はどのピンをオンオフするか指定するためのもの。2 つ目の引数はピンをオン（HIGH）にするかオフ（LOW）にするかを指定しています。

　ではなぜ ON と OFF ではなく HIGH と LOW なのか？　それは HIGH なら ON、LOW なら OFF とは限らないからです。設計によっては、ピンを LOW にすると LED が点灯する回路も可能であり、あくまでも Arduino は出力ピンの電圧を高低 2 段階で制御しているだけです。ピンを HIGH にすると LED がオンとなる回路を組むのはユーザーの責任と言えるでしょう。

　Arduino の出力ピンを、あなたの家の壁にあるコンセントのようなものと考えてみましょう。ヨーロッパのコンセントは 230V（ボルト）、アメリカは 110V ですが、Arduino のそれはもっとずっ

032　　　Arduinoをはじめよう | スケッチ入門

とささやかで、わずか5Vです。その代わりArduinoのコンセントはソフトウェアの魔力により
digitalWrite(LED, HIGH)と書くだけでオンオフが可能で、このスケッチではそれをLEDの
点滅に利用しています。大事なのは、ソフトウェアのなかの1つの命令が、あるピンの電気の流れ
をコントロールすることによって物理世界で何かが起こるという点です。この例では、ピンのオン
オフを目で見えるようにしました。LEDは私たちの最初のアクチュエータです。

```
delay(1000);                    // 1秒待つ
```

あなたのノートPCと比べたらArduinoはとても遅いコンピュータ。しかし、それでも極めて速い
のです。LEDをオンにした後すぐオフにしたら、速すぎて何が起きているのかわかりません。ある程
度の時間、点灯を続けるよう、Arduinoを待たせる必要があります。delay()はそのための命令
で、指定したミリ秒だけスケッチの実行を停止し、その後、次の行に処理が移ります。停止してい
る間、Arduinoは何もせず、ピンの状態も変えません。ここでは1000ミリ秒、つまり1秒の停止
時間を指定しています。

```
digitalWrite(LED, LOW); // LEDを消す
```

この命令で、さきほどオンにしたLEDを消します。

```
delay(1000);                    // 1秒待つ
```

ここでもういちど1秒間止まります。LEDは1秒間消えます。

```
}
```

loop関数の終わりを表す波カッコです。このあとArduinoはloop()の1行目に戻って処理
を再開します。

整理すると、このプログラムは次のように動作します。

>> ピン13を出力に設定 (最初に一度だけ)。
>> ループに入る。
>> ピン13につながったLEDをスイッチオン。
>> 1秒間待つ。
>> ピン13につながったLEDをスイッチオフ。
>> 1秒間待つ。
>> ループの頭に戻る。

ここまでが苦痛でなかったことを祈ります。全部を理解できなかったとしても、がっかりしないで
ください。新しい概念を理解するには時間がかかるものです。
　続く章で、さらにプログラミングについて学びますが、その前にもう少しこのスケッチをいじって

遊んでみてください。たとえば、delayを短くしたらどうなるでしょう。オンオフする時間を変えると違う点滅パターンが現れます。とくに、delayの引数をうんと小さくしたときに何かが起こるはずです。この「何か」が、あとでパルス幅変調を学ぶときにとても役立ちます。

作ろうとしているもの

　私は明かりとそれを制御する技術にずっと魅了されてきました。制御された明かりが人間と相互作用する作品を作るときに幸せを感じます。Arduinoはこの分野に最適です。

—— Massimo

　ここからは「インタラクティブランプ」のデザインに取り組んでいきます。出力ピンの先にはLEDを接続しますが、LED以外のものをコントロールする技術の基礎にもなります。Arduinoを使ってインタラクティブなデバイスを作る練習です。
　製作に取りかかる前に、新米プログラマーのためにあえて月並みな方法で電気の基礎を説明しておきましょう。

電気って何？

　家で何かしら配線をしたことがあるなら、問題なくエレクトロニクスを理解できます。電気と電気回路の働きを理解するには、水にたとえてみるのが一番良い方法です。まず、次の図のような、電池で動くポータブルな扇風機を考えてください。

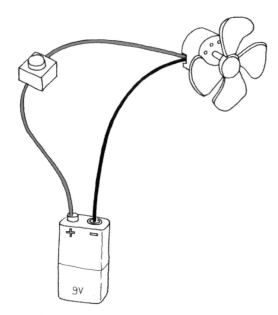

図4-4 ポータブル扇風機

この扇風機を分解すると、小さな電池、2本の電線、1つのモーターが現れます。モーターにつながる電線の一方には、スイッチがついています。このスイッチを押すとモーターが回転し、私たちを涼しくしてくれます。さてこれはなんの働きでしょうか？　扇風機を水車に置き換えてみます。電池を貯水槽とポンプがあわさったものとイメージしてください。スイッチは蛇口で、モーターは水車です。蛇口を回すと、ポンプから水が流れ、水車が回り始めます（図4-5）。
　この水圧を利用したシンプルなシステムでは2つの要素が重要です。1つは水の圧力（ポンプの力で決まります）、もう1つがパイプを流れる水の量（パイプの太さと、水車が水の流れを妨げることの影響を受けます）です。

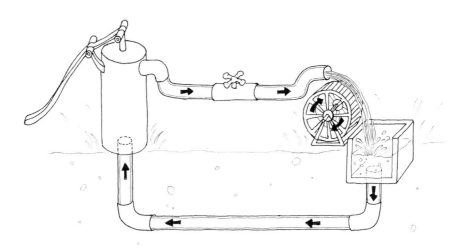

図4-5 水圧を利用したシステム

　この水車をもっと速く回す方法はすぐに思いつくでしょう。パイプを太くし、ポンプの圧力を上げます（どちらか片方では不十分です）。
　パイプを太くすると、流れる水の量が増えます。これは水の流れに対する抵抗を減らすことです。それだけでも水車の回転は速くなりますが、限界があります。同時に水の圧力も高くしてやることで、さらに速く回転するようになります。
　この方法で、水車がバラバラになるまで回転を速くすることができます。
　水車の回転について考えるとき、ほかにも注意すべき点があります。車軸の発熱の問題です。台の穴に通された回転軸は摩擦により熱を発します。これはこのようなシステムを理解する上で重要なポイントで、システムに注ぎ込まれたエネルギーはすべてが動きに変換されるわけではなく、非効率な部分でいくらかが失われ、システムの一部から発せられる熱として観察されることになります。
　さて、このシステムの重要な要素はなんでしょうか？　1つはポンプによって生み出される圧力です。それから、パイプと水車が水の流れにおよぼす抵抗。もう1つは、水の流れそのもので、これは1秒間に何リットルの水が流れるかによって表すことができます。
　電気は水のように働きます。ポンプのようなものがあり（コンセントや電池などの電源）、それが

電気を押し出してパイプを流れていきます（電気の滝を想像してください）。電気におけるパイプは電線で、機器によってはそれが生み出す熱（おばあさんの電気毛布）や光（ベッドルームのランプ）、音（あなたのステレオ）、動き（扇風機）などを利用しています。

電池の電圧が9Vだとしたら、この電圧が「ポンプ」の発揮しうる水圧と考えてください。電圧の単位は電池の発明者アレサンドロ・ボルタに由来するボルト（V）です。

水圧に対する電圧に相当するものが、水の流量に対してもあります。電流がそれで、単位は電磁気学の創始者アンドレ＝マリ・アンペールにちなんだアンペア（A）です。

電圧と電流の関係をもういちど水車を使って説明すると、高い電圧（圧力）は水車の回転を速め、大きな電流（流量）は大きな水車を回せることを意味します。

最後に登場するのは、電流を妨げる要素、抵抗です。単位はドイツ人物理学者ゲオルグ・オームからもらったオーム（Ω）を用います。オーム氏は電気に関するもっとも重要な法則（あなたがきちんと覚える必要がある唯一の公式）をまとめた人でもあります。

オーム氏は、ある回路の電圧、電流、抵抗は相互に関連しあっていることを立証しました。たとえば、電圧が決まっている回路で抵抗値がわかれば、電流の値が求められます。

これは直感的にもわかるはずです。9Vの電池を簡単な回路につなぎ、電流を測りながら、抵抗を増やしていくと、電流の値はそれにつれて小さくなります。水車のアナロジーに戻り、パイプにバルブ（電気の世界での可変抵抗器に相当します）を取り付けて、ポンプの出力を一定にし、そのバルブをしだいに閉めてみましょう。抵抗が増加することで、水の流れは弱くなっていきます。

オームはこの法則を次のように要約しました。

R（抵抗）＝ V（電圧）÷ I（電流）
V ＝ R × I
I ＝ V / R

おすすめは最後の式（I = V / R）。なぜなら、この式によって、抵抗値のわかっている回路に電圧をかけたとき、何アンペアの電流が流れるかを計算できるからです。オームの法則を覚えておくと、スイッチを入れる前に電流を予測できます。

プッシュボタンを使ってLEDをコントロール

LEDを点滅させるのは簡単ですが、デスクランプが読書の間じゅう机の上でチカチカしていたら気が変になりますよね。LEDをコントロールする方法が必要です。

前の例では、アクチュエータとしてのLEDだけがあって、それをArduinoでコントロールしました。欠けていたのはセンサです。次の例で私たちはもっともシンプルなセンサであるプッシュボタンを使ってみます。

プッシュボタンを分解すると、とても簡単な構造になっていることがわかります。2つの金属片がバネに支えられていて、プラスチックのキャップが押されると、それらが接触する仕組みです。金属片が離れていると、電流は通りません（バルブが閉まっている状態です）。ボタンを押すと、流れ始めます。

スイッチの状態をモニターするために、新しい命令digitalRead()を覚えましょう。

digitalRead()はカッコの中で指定したピンに電圧がかかっているかどうかをチェックし、その

結果をHIGHまたはLOWとして送り返します。これまでに使った命令は、言われたとおりにただ実行するだけで、なにも言って返しはしませんでした。そうした命令だけでは、外界から何も受け取れないので、決まり切ったシーケンスを繰り返すことしかできません。

　digitalRead()を使うことで、Arduinoは質問をすることができるようになります。そして、その答を記憶し、判断に役立てることができます。

　図4-6のような回路を組み立てましょう。いくつかの部品を入手する必要があります[†]。

- ブレッドボード
- ジャンプワイアキット
- 10KΩ（オーム）の抵抗器
- モメンタリ型プッシュボタンスイッチ（タクトスイッチ）

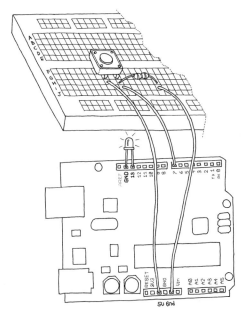

図4-6　プッシュボタンの接続

---

†　訳注：各種部品の入手先（ショップ名、品番、URL）：

	秋月電子	共立電子エレショップ	スイッチサイエンス
ブレッドボード	P-00314	916312	1788
ジャンプワイアキット	P-02315	53R13C	620
10KΩ抵抗	RD25S	4AG31P	
タクトスイッチ	P-03648	391134	38
	akizukidenshi.com	eleshop.kyohritsu.com	www.switch-science.com

037

すぐ使える状態のジャンプワイアを買うかわりに、AWG22という太さの単芯電線を購入して使うこともできます。ニッパで線をカットし、ワイアストリッパで被覆（導線を覆う皮の部分）をむいて使います。

Arduinoボードの表面に印刷されている「GND」はグランド（ground）の略で、歴史的に電源のマイナス側をこう呼びます。本書では「GND」と「グランド」の両方を使いますが、どちらも同じものを指していると思ってください。電子回路を作るときGNDはよく使われるので、Arduino UnoにはGNDピンが3か所にあります。この3つは電気的につながっているので、どれを使っても同じです。5Vピンが電源のプラス側で、常にGNDピンよりも5V高い電圧を示します。

さて、次のコードを見てください。プッシュボタンでLEDをコントロールしています。

Example 4-2 ボタンが押されている間、LEDを点ける

```
// ボタンが押されている間、LEDを点ける

const int LED = 13;    // LEDが接続されているピン
const int BUTTON = 7;  // プッシュボタンが接続されているピン

int val = 0;           // 入力ピンの状態がこの変数(val)に記憶される

void setup() {
  pinMode(LED, OUTPUT);   // ArduinoにLEDが出力であると伝える
  pinMode(BUTTON, INPUT); // BUTTONは入力に設定
}

void loop() {
  val = digitalRead(BUTTON);  // 入力を読み取りvalに格納

  // 入力はHIGH(ボタンが押されている状態)か？
  if (val == HIGH) {
    digitalWrite(LED, HIGH); // LEDをオン
  } else {
    digitalWrite(LED, LOW);  // LEDをオフ
  }
}
```

新たにスケッチを書くときは「File」メニュー→「New」とします (すでにスケッチを開いているときは、それを保存してからにしたほうがいいかもしれません)。Arduino IDE が新しいスケッチの名前を聞いてくるので、PushButtonControlと入力してください。Example 02 のコードを打ち込み、Arduino ボードにアップロードしましょう。どこにも間違いがなければ、ボタンを押すとLEDが光るはずです。

このスケッチの仕組み

このサンプルで2つの新しいコンセプトが登場しました。実行の結果を返す関数とif文です。

if 文はプログラミング言語におけるもっとも重要な命令と言っていいでしょう。if 文によってコンピュータは判断能力を持つことができます (Arduino は小さなコンピュータであることを思い出してください)。

ifの後ろのカッコのなかには「質問」を書きます。もしその答が真なら、if文の直後にある1つ目のブロックが、真でない場合 (偽といいます) は else に続くもう一方のブロックが実行されます。

質問の部分で、=の代わりに ==という記号を使った点に注意してください。==は2つの値を比較したいときに使い、true (真) か false (偽) を返します。=は変数に値をセットするときに使います。==を使うべきところで、=としてしまう間違いはありがちなのですが、そうするとプログラムは決して正しく動きません。よく確認しましょう。ちなみに私は25年間プログラミングをしていますが、いまだにこの間違いをしでかします。

ところで、いま作ったランプはボタンを押し続けていないと明かりが消えてしまうちょっと不便なランプでした。LEDをつけっぱなしにしてもエネルギーの無駄はわずかなので、次は一度ボタンを押したらずっとオンの状態が続くランプを作ってみましょう。

ひとつの回路、千のふるまい

ソフトウェアを変更することで、同じ回路を使ってたくさんの違う「ふるまい」を実現する方法を示します。プログラム可能なデジタル回路が、旧来のエレクトロニクスよりも優れている点がわかるはずです。

ボタンから指を離してもライトをつけておくには、ボタンが押されたことを記憶するソフトウェア的なメカニズムが必要です。それは一種のメモリといっていいでしょう。

記憶を実現するために使うのが**変数**です (すでに前の例で登場しているのですが、説明はまだでした)。変数は Arduino のメモリの中に置かれるデータの保存場所です。

電話番号をメモするときに使う付箋紙を考えてみましょう。1枚取り出して「ルイーザ 02 555 1212」と書き込み、冷蔵庫やコンピュータのディスプレイの横に貼り付けるとします。これに似たことを Arduino 言語でも行います。記憶したいデータの型を決定し (数値か、テキストか)、それに名前を付ければ、いつでも好きなときにデータを書き込んだり取り出したりできます。例を1つあげましょう。

```
int val = 0;
```

intはこの変数が整数 (integer) の値を持つという意味です。valは変数の名前で、= 0が初期値となる0をセットする部分です。

変数の内容は、その名が暗示するとおり、スケッチ内のどこででも変更することができます。たとえば、次のように書くことで、新しい値の112が記憶されます。

```
val = 112;
```

 Arduinoの命令は必ずセミコロンで終わらなくてはいけません。コンパイラ(スケッチをマイコンが実行できる形式に翻訳するArduino IDEの一部)は、セミコロンによって、あなたの命令がどこで区切られているかを判断します。

次のスケッチでは、valにdigitalRead()の結果が記録されます。入力ピンから受け取ったデータは変数に収まり、別のコードが書き換えるまで、そのまま保存されます。変数はRAMと呼ばれる種類のメモリを使うことを覚えておいてください。RAMは高速ですが、ボードの電源を切ると、書き込まれたデータも消えてしまいます。そのため、電源を入れるたびに、変数の値はセットしなおす必要があります。スケッチはRAMのかわりにフラッシュメモリ(携帯電話のアドレス帳に使われているのと同じタイプのメモリ)に格納されるので、ボードの電源をオフにしても消えずに残ります。

それでは変数を追加して、LEDの状態を記憶させてみましょう。Example 4-3はその最初の試みです。

Example 4-3 ボタンを1回押すと点灯を続けるLED

```
// ボタンを押すとLEDが点灯し、
// ボタンから指を離したあとも点いたままにする

const int LED = 13;    // LEDが接続されているピン
const int BUTTON = 7;  // プッシュボタンが接続されているピン

int val = 0;      // 入力ピンの状態がこの変数(val)に記憶される
int state = 0;    // LEDの状態 (0ならオフ、1ならオン)

void setup() {
  pinMode(LED, OUTPUT);    // ArduinoにLEDが出力であると伝える
  pinMode(BUTTON, INPUT);  // BUTTONは入力に設定
}

void loop() {
  val = digitalRead(BUTTON);  // 入力を読み取りvalに格納

  // 入力がHIGH(ボタンが押されている)なら状態(state)を変更
  if (val == HIGH) {
```

```
    state = 1 - state;
  }

  if (state == 1) {
    digitalWrite(LED, HIGH); // LEDオン
  } else {
    digitalWrite(LED, LOW);
  }
}
```

このスケッチを試してみると、動くことは動くのですが……、ちょっと変ですね。ボタンを押すと目まぐるしくLEDの状態が変化してしまい、うまく切り替えられないと思います。

LEDがオン（1）かオフ（0）かを記憶する変数stateに注目しながら、コードを見ていきましょう。まず、stateは0（LEDはオフ）に初期化されます。その後、ボタンの状態を読みとって、もしそれが押されていたら（val == HIGH）、stateを0から1へ、あるいは1から0へ変更します。0と1の切り替えをするために、ちょっとしたトリックを使いました。そのトリックは1 - 0 = 1と1 - 1 = 0という、かんたんな数式がもとになっています。

```
    state = 1 - state;
```

この行は数学的にはほとんど無意味ですが、プログラミングにおいてはそうでもありません。＝という記号は「自分の右側の結果を左側の変数に書き込む」という意味を持っていて、上の例は、1からstateの古い値を引いて、その結果を新しい値としてstateに書き込んでいます。

続くスケッチの最後の部分で、LEDのオンオフを決定するためにstateが使われます。ここでLEDの状態が不安定になるという問題が現れます。

その原因はボタンの状態の読み取り方にあります。Arduinoはとても高速で、1秒間に数百万行のコードを実行できます（マイコン本来の性能は最高1600万行／秒です）。これは、あなたの指がボタンを押している間に、Arduinoはstateを数千回書き換えられることを意味しています。オンにしようとしてオフになるという予測できない動きは、その結果です。「壊れた時計でも1日に二度は正しい時刻を指す」といいますが、プログラムの場合、一度だけなら正しい動作も、何度も繰り返してしまうと誤りにつながることがあるのです。

この不具合を直すには、どうすればいいでしょうか？　ボタンが押された一瞬を確実に検出して、そのときだけ状態（state）を変更すべきです。

私は次の方法で解決しました。新しい値を読む前に、valの値を保存しておくのです。そうすることで、ボタンの現在の状態と前の状態を比較し、状態が変化したときだけ、stateを変更することができます。具体的には、LOWからHIGHに変化したときだけ変更しています。

改良を加えたコードExample 4-4は次のとおりです。

Example 4-4 ボタンを押したときの挙動を改善

```
// Example 4-4: ボタンを押すとLEDが点灯し、
// ボタンから指を離したあとも点いたままにする (改良版)

const int LED = 13;    // LEDが接続されているピン
const int BUTTON = 7;  // プッシュボタンが接続されているピン

int val = 0;      // 入力ピンの状態がこの変数 (val) に記憶される
int old_val = 0;  // valの前の値を保存しておく変数
int state = 0;    // LEDの状態 (0ならオフ、1ならオン)

void setup() {
  pinMode(LED, OUTPUT);   // ArduinoにLEDが出力であると伝える
  pinMode(BUTTON, INPUT); // BUTTONは入力に設定
}

void loop() {
  val = digitalRead(BUTTON); // 入力を読みvalに新鮮な値を保存
  // 変化があるかどうかチェック
  if ((val == HIGH) && (old_val == LOW)) {
    state = 1 - state;
  }
  old_val = val; // valはもう古くなったので、保管しておく
  if (state == 1) {
    digitalWrite(LED, HIGH); // LEDオン
  } else {
    digitalWrite(LED, LOW);
  }
}
```

テストしてみましたか？ このやり方も完璧ではないことにもう気付いたかもしれません。機械式スイッチの問題が残っています。

プッシュボタンの仕組みはとても簡単。普段はバネの力で離れている2つの金属片が、ボタンが押されたときだけ接触して電気が流れます。シンプルでよくできた構造です。しかし、現実世界に完璧な接触というものはなく、スイッチのなかの金属片も、2つがぶつかった瞬間わずかに跳ね返って不安定な状態になります。これを**バウンシング**といいます。

プッシュボタンにバウンシングが生じると、Arduinoからはオンとオフの信号が立て続けにやって来たように見えます。バウンシングの解消 (デバウンシング) に使えるテクニックはたくさんありますが、たいていは10〜50ミリ秒程度の遅延 (delay) をボタンの状態変化を検出するコードに加えるだけでうまくいきます。

042　　Arduinoをはじめよう | スケッチ入門

最終版のコードは次のとおりです。

Example 4-5 バウンシングに対応した最終版

```
// ボタンを押すとLEDが点灯し、
// ボタンから指を離したあとも点いたままにする
// バウンシングを解消する簡単な方法を取り入れた改良版

const int LED = 13;    // LEDが接続されているピン
const int BUTTON = 7;  // プッシュボタンが接続されているピン

int val = 0;       // 入力ピンの状態がこの変数(val)に記憶される
int old_val = 0;  // valの前の値を保存しておく変数
int state = 0;     // LEDの状態 (0ならオフ、1ならオン)

void setup() {
  pinMode(LED, OUTPUT);    // ArduinoにLEDが出力であると伝える
  pinMode(BUTTON, INPUT); // BUTTONは入力に設定
}

void loop() {
  val = digitalRead(BUTTON); // 入力を読みvalに新鮮な値を保存

  // 変化があるかどうかチェック
  if ((val == HIGH) && (old_val == LOW)) {
    state = 1 - state;
    delay(10);
  }
  old_val = val; // valはもう古くなったので、保管しておく
  if (state == 1) {
    digitalWrite(LED, HIGH); // LEDオン
  } else {
    digitalWrite(LED, LOW);
  }
}
```

043

5 高度な入力と出力
Advanced Input and Output

4章で学んだのは、デジタルの入力と出力というArduinoでできることのなかでもごく基本的なものだけでした。Arduinoがアルファベットだとしたら、最初の2文字を習ったに過ぎません。とはいっても、このアルファベットにはわずか5つの文字しか存在しないので、Arduinoの詩を書くために必要な勉強はそう大変ではないでしょう。

いろいろなオンオフ式のセンサ

プッシュボタンの使い方はわかりましたね。同じ原理で動作する基本的なセンサはほかにもたくさんあります。

トグルスイッチ

プッシュボタンのような勝手に元の状態に戻るスイッチをモメンタリスイッチといいます。玄関の呼び出しベルはたいていモメンタリですね。それに対して、状態を保持するスイッチもあって、オルタネイトスイッチと呼ばれます。壁の照明スイッチはふつうオルタネイト。電子工作によく使われるオルタネイトスイッチの一種がトグルスイッチで、棒状のレバーがついていて切り替え操作がしやすくなっています。

こうしたスイッチは一般的なセンサのイメージとは違うかもしれませんが、人間の指の動きを電気的な状態に変換するセンサと見なすことができます。

サーモスタット

指定された温度に達すると切り替わるスイッチです。

磁気スイッチ（リードスイッチ）

磁石を近づけると2つの接点がくっついてオンになります。ドアの開閉を検知する防犯ブザーに使われています。

マットスイッチ

カーペットやドアマットの下に敷くことで、人間や重いネコの存在を検出することができます。

045

ティルトスイッチ（傾斜スイッチ）†

　２つの接点と１つの小さな金属球が封入されたシンプルな電子部品です（金属球ではなく水銀が使われているものもありますがお薦めしません）。図5-1は、典型的なティルトスイッチの内部を示したものです。直立しているときは、球が２つの接点にまたがる位置にきて、プッシュボタンを押したのと同じ状態になります。傾けると球が動いて接点から離れ、スイッチが切れます。この部品を使って、傾けたり振ったりすると反応するジェスチャーインタフェイスの作品が作れるでしょう。

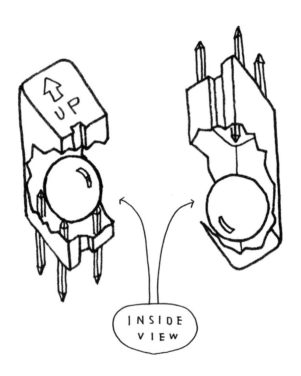

図 5-1 ティルトスイッチの内部

---

†　訳注：ティルトスイッチの入手先（ショップ名、品番、URL）：
　　秋月電子：P-01536（akizukidenshi.com）

046　　Arduinoをはじめよう | 高度な入力と出力

赤外線センサ

　赤外線センサも使ってみたいものの1つです。防犯アラームに使われる部品で、PIR（passive infrared）センサ、焦電型赤外線センサなどとも呼ばれます。この小さな装置のそばに人間（あるいはその他の生き物）が近づくと作動します。動きを検知するシンプルな方法です。

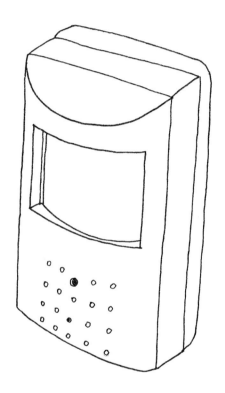

図5-2 PIRセンサ

自作センサ

　数本の釘と金属球を使って、ティルトスイッチを作ることができます。板に釘を何本か打って球を乗せ、傾けたときにその球が乗る2本の釘だけに電線を巻き付けて、その電線の端をプッシュボタンのときと同じようにArduinoにつなげばできあがり。洗濯ばさみでモメンタリスイッチを作ることもできます。くちばし側に2本の電線を貼り付ければ、握ったときだけオフになるスイッチに、握り側に電線をつければ、握ったときだけオンになるスイッチになります。

　こうした手作りセンサと4章で覚えたスケッチを組み合わせることで、いろいろなランプを作ることができるでしょう。

PWMで明かりをコントロール

　そろそろ単純なスイッチのオンオフは卒業して、より実用的なランプを作ってみることにしましょう。

　4章のランプは点いているか消えているかのどちらかしかなく、明るさを調節することができませんでした。この課題を解決するために、テレビや映画で使われているちょっとしたトリック「残像」を取り入れます。

　実は4章の最後にヒントがありました。delay関数の値を小さくしていくと、ある時点からLEDのチカチカが感じられなくなったはずです。そして、LEDは少し暗くなったでしょう。その状態で2つあるdelay関数の片方だけを大きくしたり小さくしたりすると明るさが微妙に変化します。

　このテクニックはパルス幅変調（PWM）と呼ばれます。LEDを高速に点滅させることで瞬きを消し、オンとオフの時間の比率を変更して明るさを変えることもできます。図5-3はその仕組みを表したものです。

　LED以外のデバイスに対してもPWMは有効です。たとえば、モーターの回転スピードを調整するのに使えます（ただし、モーターをLEDのように直接Arduinoに接続することはできません。本章の後半にあるMOSFETの説明を読んでから挑戦してください）。

　ディレイでLEDをコントロールする方法は不便でした。センサの値を読み取りたいとき、あるいは、シリアル通信でデータを送りたいときでも、LEDがチカチカするために必要なディレイが処理を止めてしまいます。その点、PWMは簡単で確実。ArduinoボードのマイコンはPWMを生成するハードウェアを内蔵しているので、スケッチがなにか別のことをしている間もPWM出力は維持され、複数のLEDを同時にコントロールすることも可能です。

　Arduino UnoのPWM出力は3、5、6、9、10、11の各ピンに割り当てられています。Arduino LeonardoのPWM出力は3、5、6、9、10、11そして13番ピンです。すべてanalogWrite()という命令で操作できます。

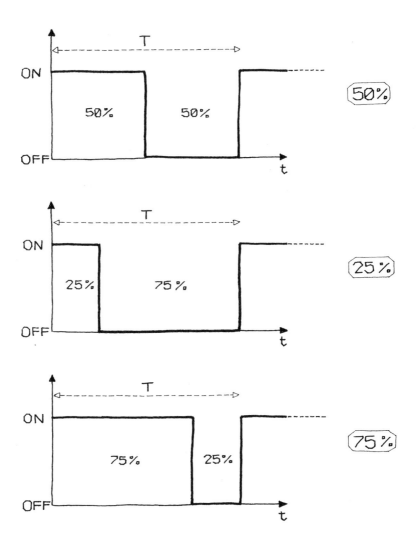

図5-3 PWMの動作

たとえば、analogWrite(9,128)というコードによって、ピン9に接続されたLEDが50%の明るさで光ります。でもどうして128で50%なのでしょう？ analogWrite()は0から255の数を引数とします。255にすると明るさは最大になり、0にすると消えます。

 複数のPWM出力があることはとても好都合です。たとえば、赤、緑、青のLEDを買ってきてPWM出力ピンにつなぎ、それらの光をミックスすれば、あらゆる色を作り出すことができます。

それでは回路を組み立てましょう。図5-4のようにLEDと220Ω（オーム）の抵抗器を接続します。LEDの色は何色でもかまいません。

LEDには極性があります。正しい向きにつながないと光らないということです。LEDの2本のピンをよく見ると、長さが違うはずです。長い方はArduinoの9番ピン、短い方は抵抗器を介してGNDに接続します。帽子の形をしたLED（砲弾型ともいいます）の場合、GND側に切り欠きがあって、ピンが隠れていても極性がわかるものがあります。図5-4はまさにそうなっていて、ピンの長さはわかりませんが、左側に切り欠きがありますね。

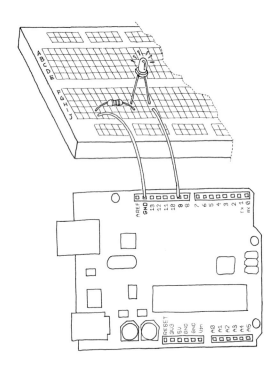

図5-4 PWMピンとLEDの接続

この回路の抵抗器は、電流でLEDが燃えないようにするためのものです。220Ω以上のカーボン抵抗器を使ってください。470Ωや1KΩも使えます。

回路ができたら、Arduino IDEに新しいスケッチExample 5-1を入力しましょう。

Example 5-1 ゆっくり明滅するLED

```
// LEDのフェードインとフェードアウト
// (スリープ状態のMacのように)

const int LED = 9; // LEDが接続されたピン
int i = 0;         // カウントアップとダウンに使用

void setup() {
  pinMode(LED, OUTPUT); // LEDのピンの出力に設定
}

void loop() {
  for (i = 0; i < 255; i++) { // 0から254までループ (フェードイン)
    analogWrite(LED, i);       // LEDの明るさをセット
    delay(10);                 // 10ミリ秒停止 analogWrite()は一瞬なので
                               // これがないと変化が目に見えない
  }
  for (i = 255; i > 0; i--) { // 255から1まで (フェードアウト)
    analogWrite(LED, i);
    delay(10);
  }
}
```

スケッチをArduinoボードに書き込むと、LEDがゆっくり明るくなったり暗くなったりしはじめます。スリープ状態のノートPCのLEDがこんな風に明滅していることがありますね。

このスケッチでLEDの明るさを変えているのはanalogWrite()です。delayも使われていますが、10ミリ秒という短い時間のまま固定されています。繰り返し実行されるanalogWrite()によって、少しずつ明るさを増減させているわけです。

1つ目のforループ (for文による繰り返し) を見ると、変数iが0から254まで1ずつ増加しているのがわかります。iはLEDの明るさを表していると考えていいでしょう。2つ目のforループでは、255から1まで減少しています。2つ目のforループが終わると、loop()の先頭、つまり1つ目のforループに処理が戻り、その結果、明るくなったり暗くなったりが永遠に続くことになります。

051

次はこの知識を活用して、4章で作ったランプを改良してみましょう。このブレッドボードにプッシュボタンを付け加えます。自力でできるかどうか、試してください。そうする理由は、この本に登場する個々の回路がより大きな作品を実現するための「ビルディングブロック」になっているという事実について考え始めてほしいからです。今はまだできなくても心配はいりません。大事なのは自分でやり方を考えてみることです。

それでは回路の作り方です。先ほど作った回路（図5-4参照）とプッシュボタン回路（図4-6参照）を同時にArduinoへつなぐだけです。図4-6の回路はArduinoの7番ピン、GND、5Vを使い、図5-4の回路は9番ピンと別のGNDピンを使ったのでピンの重複がありません。つまり、そのまま同時にこの2つの回路をArduinoにつなぐことができます。空間とブレッドボードを節約したければ、1つのブレッドボードの上に作りこむこともできます（付録Aでブレッドボードの構造について解説しています）。

次はスケッチです。1個のプッシュボタンだけでどうやってLEDの明るさを変えればいいのでしょうか？「ボタンが押された時間を検出する」という新たなインタラクションデザインのテクニックを学ぶときです。前章で作ったExample 4-5を拡張して機能を追加しましょう。短時間ボタンを押すとLEDのオンオフ、長押しで明るさが増減するという仕様にします。

Example 5-2が最初のバージョンです。

Example 5-2 ボタンでLEDの明るさを調節する

```
// ボタンを押すとLEDが点灯し、
// ボタンから指を離したあとも点いたままにする
// バウンシングを解消する簡単な方法を取り入れる
// ボタンを押したままにすると明るさが変化する

const int LED = 9;      // LEDが接続されたピン
const int BUTTON = 7;   // プッシュボタンが接続された入力ピン

int val = 0;        // 入力ピンの状態がこの変数(val)に記憶される
int old_val = 0;    // valの前の値を保存しておく変数
int state = 0;      // LEDの状態 (0ならオフ、1ならオン)

int brightness = 128;       // 明るさの値を保存する
unsigned long startTime = 0;    // いつ押し始めたか？

void setup() {
  pinMode(LED, OUTPUT);     // ArduinoにLEDが出力であると伝える
  pinMode(BUTTON, INPUT);   // BUTTONは入力に設定
}
void loop() {
  val = digitalRead(BUTTON);    // 入力を読みvalに新鮮な値を保存
```

```
  // 変化があるかどうかチェック
  if ((val == HIGH) && (old_val == LOW)) {
    state = 1 - state;    // オフからオンへ、オンからオフへ
    startTime = millis(); // millis()はArduinoの時計
                          // ボードがリセットされてからの時間を
                          // ミリ秒(ms)単位で返す
                          // (最後にボタンが押された時間を記憶)
    delay(10);
  }


  // ボタンが押し続けられているかをチェック
  if ((val == HIGH) && (old_val == HIGH)) {
    // 500ms以上押されているか?
    if (state == 1 && (millis() - startTime) > 500) {
      brightness++;   // brightnessに1を足す
      delay(10);      // brightnessの増加が速くなりすぎないように
      if (brightness > 255) { // 255が最大値
        brightness = 0;       // 255を超えたら0に戻す
      }
    }
  }


  old_val = val;   // valはもう古いので、しまっておく

  if (state == 1) {
    analogWrite(LED, brightness); // 現在の明るさでLEDを点灯
  } else {
    analogWrite(LED, 0);          // LEDをオフ
  }
}
```

　作ろうとしているインタラクションモデルが形を見せてきました。ボタンを押してすぐ離すと、ランプは点いたり消えたりします。ボタンを押し続けると明るさが変わり、離すタイミングによって明るさが選べます。

　スケッチは理解できましたか? おそらくもっとも難しかったのは、次の1行ではないでしょうか。

```
if (state == 1 && (millis() - startTime) > 500) {
```

このif文は、時間を計る関数millis()を使って、500ミリ秒より長くボタンが押されたかどうかを調べています。millis()が示す現在の時間から、最後にボタンが押されたときの時間を引くと、ボタンが押されている時間がわかりますね。それが500より大きければ500ミリ秒が経過したということです。&&はその前後2つの条件が同時に真であるときに、全体が真であることを意味します。つまり、stateが1(ボタンが押されている)でかつ500ミリ秒が経過していたら、このif文は真(次のブロックを実行)ということです。

単純なスイッチが案外強力なセンサとなることがわかったと思います。続いて、もっと面白いセンサの使い方を学びましょう。

プッシュボタンの代わりに光センサを使う

図5-5のイラストのような光センサ(CdSセル)を手に入れてください[†]。面白い使い方ができる素子です。

図5-5 CdSセル

---

† 訳注:CdSセルの入手先(ショップ名、品番、URL):
　秋月電子:I-00247 (akizukidenshi.com)
　共立電子エレショップ:4CS132 (eleshop.kyohritsu.com)

暗闇に置いたCdSセルの抵抗値はかなり高く、光を当てると抵抗値は急激に下がって、よく電気を通すようになります。つまりCdSセルは光に反応するスイッチと言えます。

4章の「プッシュボタンを使ってLEDをコントロール」で作った回路（図4-5）を用意し、ArduinoにExample 4-2を書き込んでください。動くことを確認したら、慎重にプッシュボタンを抜いて、代わりにCdSセルを挿します。CdSセルを手で覆うとLEDが消えることに気付きましたか？　手をどかすとまた光ります。この本で単純な機械的センサではなくリッチな電子的センサを使うのは初めてですね。

アナログ入力

すでに学んだとおり、Arduinoはピンに電圧がかかっているかどうかを、digitalRead()関数を通じて報告することができます。このような有り無し式のレスポンスは多くの用途でうまく機能しますが、先ほど使った光センサは光の有無だけでなく、どのくらい明るいかを伝えることも可能なアナログセンサです。

Arduinoボードを180度回転させてみましょう（図5-6）。アナログセンサの値を読み取る専用のピンがあります。

左上に「ANALOG IN」というラベルがあって、6本のピンがまとめられていますね。これがアナログ入力ピンで、電圧の有無だけでなくその大きさまでわかる特別なピンです。analogRead()関数を使って、あるピンにかかっている電圧を知ることができます。この関数が返す値は0から1023で、0Vから5Vの電圧を表します。たとえば、2.5Vがピン0にかかっているとしたら、analogRead()は512を返します。

10KΩの抵抗器を使って図5-6の回路を組み立て、Example 5-3のスケッチを走らせると、センサに当たる光の量がオンボードLEDの点滅スピードを変えるのがわかるでしょう。

055

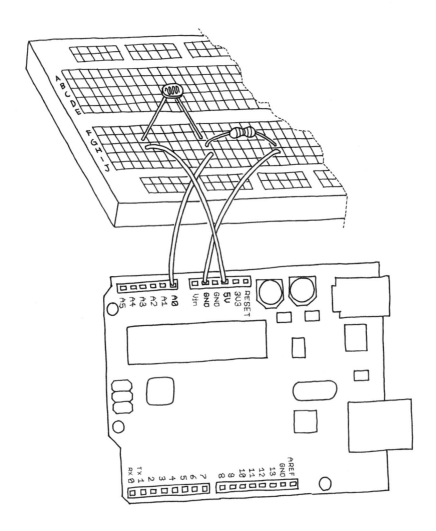

図 5-6 アナログセンサ回路

Example 5-3 アナログ入力の値に応じて LED の点滅レートが変化

```
// アナログ入力の値に応じて LEDの点滅レートが変化

const int LED = 13;   // LEDがつながっているピン
int val = 0;          // センサからの値を記憶する変数

void setup() {
  pinMode(LED, OUTPUT);   // LEDのピンを出力に設定
  // 注: アナログピンは自動的に入力として設定される
}

void loop() {
  val = analogRead(0);    // センサから値を読み込む

  digitalWrite(13, HIGH); // LEDをオン
  delay(val);             // 少しの間、プログラムを停止

  digitalWrite(13, LOW);  // LEDをオフ
  delay(val);             // 少しの間、プログラムを停止
}
```

続けて、少し改造を加えた別のスケッチ Example 5-4 を試してみましょう。ただし、その前に回路を修正する必要があります。図5-4の回路に LED を追加してください。LED をつなぐのは Arduino のピン9です。そのとき LED や抵抗、電線などで CdS セルを覆ってしまわないように、配置を考えてください。

回路の修正が済んだら、Example 5-4 を Arduino ボードに書き込みましょう。

Example 5-4 アナログ入力の値に応じて LED の明るさを変える

```
// アナログ入力の値に応じて LEDの明るさを変える

const int LED = 9;    // LEDがつながっているピン
int val = 0;          // センサからの値を記憶する変数

void setup() {
  pinMode(LED, OUTPUT);   // LEDのピンを出力に設定
  // 注: アナログピンは自動的に入力として設定される
}

void loop() {
```

057

```
  val = analogRead(0);      // センサから値を読み込む

  analogWrite(LED, val/4);  // センサの値を明るさとしてLED点灯
  delay(10);                // 少しの間、プログラムを停止
}
```

CdSセルを手で覆ったり離したりして、当たる光の量を変えてみましょう。LEDの明るさはどう変化しますか？

analogRead()とanalogWrite()をうまく組み合わせると、簡単なスケッチで新しい機能を作ることができます。

 明るさを設定するとき、valを4で割るのはanalogRead()が返す値が最大1023であるのに対し、analogWrite()が受け付ける値が最大255だからです。

その他のアナログセンサ

CdSセルは明るさを抵抗値に変換してくれるとても便利なセンサですが、Arduinoは抵抗値を直接読み取ることはできません。図5-6の回路は、抵抗の変化をArduinoが読み取れる電圧の変化に変換します。

この方法は抵抗型の他のセンサにも応用可能で、たとえば、圧力センサ、曲げセンサ、サーミスタ（温度センサの一種）などが図5-6の回路で使えます。CdSセルをサーミスタに変更すれば、温度変化によってLEDの明るさが変化するでしょう。

 サーミスタから読み取った値は、そのままで正しい温度を表すものではありません。正確な温度を知りたいなら、正確な温度計を用意して、サーミスタとその温度計の値を比較しながら換算表を作り、スケッチに実装する必要があるでしょう。もっと手軽に正確な温度を知りたい人は、ナショナルセミコンダクタ社のLM35DZやアナログデバイセズ社のTMP36といった温度センサICを検討してください。

さて、ここまでの私たちはLEDを出力デバイスとして使ってきましたが、センサから読み取った温度をもっと正確に知りたくなったらどうすればいいでしょう？　モールス符号をチカチカさせれば可能かもしれませんが、わかりやすい方法とは言えません。実はArduinoにはもっと簡単な手段が存在します。スケッチを書き込むときに使うUSBはスケッチ以外の情報をやりとりするのにも使えるのです。次にその方法を説明します。

シリアル通信

　Arduino ボードは USB ポートを持っていて、IDE がマイコンにスケッチをアップロードするときにそれを使うということはすでに説明しました。良いニュースがあります。このコネクションを Arduino ボードからコンピュータにデータを送ったり、逆にコンピュータから命令を受け取ったりする目的にも使えます。そのために必要なのがシリアルオブジェクトで、ここでいうオブジェクトは、スケッチを書く人が便利に使えるようにたくさんの機能がまとめられた一種のソフトウェアです。Arduino のシリアルオブジェクトにはデータの送受信に必要なコードがすべて含まれています。

　先ほど作った CdS セルの回路を使って、analogRead() で読み取った値をコンピュータへ送ってみましょう。次のコードを新しいスケッチとして入力してください。

Example 5-5 アナログ入力ピンの値をコンピュータへ送る

```
// アナログ入力ピン0の値をコンピュータへ送る
// アップロードの後に、「Serial Monitor」ボタンを押すこと

const int SENSOR = 0;  // 抵抗型のセンサがつながっているピン
int val = 0;           // センサからの値を記憶する変数

void setup() {
  Serial.begin(9600);  // シリアルポートを開きます
                       // 毎秒9600bitでコンピュータに
                       // データを送信します
}
void loop() {
  val = analogRead(SENSOR);  // センサから値を取得します

  Serial.println(val);  // シリアルポートにデータを出力
  delay(100);           // 送信したら0.1秒待ちます
}
```

　このスケッチを Arduino ボードに書き込んだだけでは何も起こりません。IDE の「Serial Monitor」ボタンを押してください。ツールバーの右端にある虫眼鏡のアイコンです。すると、新しいウィンドウが現れて、Arduino ボードから送られてきた数字がスクロールしはじめます。その数字は analogRead() が返す値の範囲と同じ0以上、1023以下になっていて、CdS セルを覆うと値が変化するのがわかります。

　このようなコンピュータ間のシンプルな通信をシリアル通信といいます。Arduino のシリアル通信機能を使うと、Arduino IDE だけでなく、他のソフトウェアとデータをやりとりすることも可能です。とくに、言語仕様と IDE が Arduino のものとよく似ている Processing (www.processing.org) は、Arduino にとって最高の相棒と言えるでしょう。Processing を使う通信の例は7章で紹介します。

059

モータや電球などの駆動

Arduinoボードの各ピンから引き出せる電流はわずかです。1個のLEDを駆動することはできますが、モータや白熱電球のように大電流が流れる部品を動かそうとするとArduinoはたちまち機能しなくなり、マイコンが永久的なダメージを受けてしまう恐れがあります。

安全のため、Arduinoのピンに流す電流は20mA以下にすべきです。

解決策はいくつかあって、要は小さな電流で大きな負荷を動かすテコのような機能があればいいわけです。たとえば、MOSFETという電子部品がそのテコの働きをします。

MOSFETは一種の電子的スイッチと考えてもいいでしょう。3本あるピンのうちの1本（ゲート）に電圧を与えると、残りの2本（ドレインとソース）の間に大きな電流が流れます。ゲートが必要とする電流は無視できるほどわずかなので、とても効率のいいテコとして機能します。

図5-7は、ファンがついているモータをIRF520というMOSFETでオンオフする方法を示したものです[†]。モーターはArduinoボードのVin端子から電源をとっていることに注意してください。Vinの電圧は接続しているACアダプタによって決まりますが、7Vから12Vが一般的です。Arduinoのマイコンは5Vで動いているので2種類の電圧が混在することになります。こういう使い方が可能になるのもMOSFETの利点といえるでしょう。

MOSFETのそばにある小さな円筒形の部品はダイオード（IN4007）です。側面の白い帯が向きを表しています。駆動する対象がモーターのときは、他の部品を守るため、ここにダイオードを入れます。

MOSFETのスイッチングは超高速なのでPWMが使えます。PWM出力が可能なピン（図5-7では9ピンを使用）につなぎ、analogWrite()を使ってモーターのスピードをコントロールすることも可能です。モーターの動作が不安定なときは9ピンとGNDの間に10KΩの抵抗器を入れてください。

本章でモーターの動かしかたを簡単に説明しました。8章ではやはり大電流が必要な部品「リレー」の制御方法を説明します。

MOSFETは「metal-oxide-semiconductor field-effect transistor（金属酸化膜半導体・電界効果トランジスタ）」の略で、電界効果という原理を利用したトランジスタの一種です。ゲートのピンに電圧がかかると、内部の半導体（ドレインとソースの間）に電流が流れます。ゲートは他の層から絶縁されているので、ArduinoからMOSFETへ電流は流れません。そのおかげでとてもシンプルなインタフェイスが実現可能です。高い周波数で大きな負荷をスイッチングすることができる理想的な素子といえるでしょう。

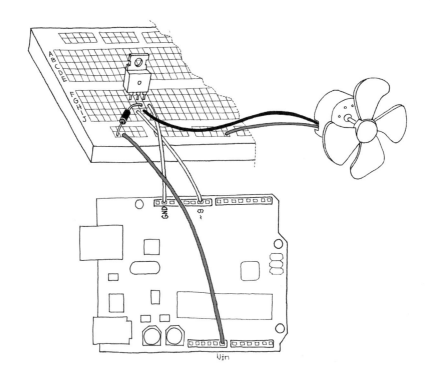

図5-7 Arduino によるモータ回路

複雑なセンサ

私たちは「複雑なセンサ」を、一度の digitalRead() や analogRead() では処理できないタイプの情報を生み出すもの、と定義しています。多くの場合、そうしたセンサは小さなマイコンを内部に持っていて、センサ自身が情報の前処理をしています。

超音波距離センサ、赤外線距離センサ、加速度センサなどが複雑なセンサに含まれます。これらのセンサの使い方は、私たちのWebサイトの「Tutorials」コーナー (www.arduino.cc/en/Tutorial/HomePage) で見つかるでしょう。

また、Tom Igoe著『Making Things Talk』(オライリー・ジャパン) では多くの複雑なセンサがカバーされています。

---

† 訳注：国内ではこのIRF520というMOSFETは入手しにくいようです。代替品として2SK2232、TK40E06N1（どちらも東芝セミコンダクター）などを検討してください。

6 Arduino Leonardo
Arduino Leonardo

ここまではArduino Unoという1種類のボードだけを対象に解説を進めてきました。本章ではArduino Leonardo（レオナルド）というUnoにはない特徴を持つボードを紹介します。
なお、UnoやLeonardo以外の多種多様なボードに関する情報は下記のページにまとめられています。
　　　http://arduino.cc/en/Main/Products

Leonardoの特徴

　Arduino UnoがATmega328Pというマイコンを搭載していることはすでに3章で述べました。そのときは説明しなかったのですが、実はArduino Unoにはもう1個、別のマイコンが載っています。2つ目のマイコンはATmega16U2といって、USBインタフェイスを提供する役目を持っており、USBを直接扱うことができない328Pと、USBの処理に特化した16U2を組み合わせることで、Unoの機能は実現されています。

　Arduino Leonardoは、従来2つのマイコンで実現されていた機能を、技術者たちが頑張って1つのマイコンに集約した成果です。

　Leonardoのマイコンは16U2の上位機種にあたるATmega32U4で、このマイコンがArduinoの機能とUSBインタフェイスを同時に提供します。そして、その結果、面白い使い方ができるようになりました。LeonardoはパソコンにつないでつかうUSBマウスやUSBキーボードとして振る舞うことができ、あなたはそれをスケッチから操ることができるのです。

ATmega32U4を搭載しているArduinoボードは他にもあります。たとえば、Arduino MicroはLeonardoと同じ機能をより小さな基板（2×5cm）にまとめたもので、ブレッドボードに直接挿して使うことができます。また、LeonardoにWiFiとLinuxサーバの機能を合体させたArduino Yúnはインターネットに直接つなぐことができる強力なArduinoボードです。

063

LeonardoとUnoの違い

Leonardoならではの使い方を説明する前に、Unoとの違いをまとめておきましょう。まず覚えておきたいのは下記の相違点です。

- ≫ LeonardoでanalogWrite()を使うときは、PWM対応のピンがUnoよりも1本多いことを思い出してください。UnoのPWM出力対応ピンは3、5、6、9、10、11の6本。それに加えてLeonardoは13番ピンもPWM対応です。オンボードLED（Leonardoにもあります）の明るさを簡単に調整できますね。
- ≫ Unoがあなたのコンピュータに接続されている間、USBシリアル接続はずっと有効なままです。ボード上のリセットボタンを押しても、USBには影響しません。一方、LeonardoのUSB接続はリセットすると一旦切断され、すぐさま再接続が試みられます。そのせいで、Windows PCに接続している場合、リセットボタンを押すとUSBの抜き挿しを示すチャイムが再生されます†。
- ≫ Leonardoのアナログ入力端子は12本あります。ボードを上から見たときはUnoと同じA0〜A5の6本だけなのですが、ボードをひっくり返して裏面をみると、A6〜A11のラベルが印刷されているのがわかります。デジタル入出力ピンの4、6、8、9、10、12がA6〜A11と兼用となっています。
- ≫ LeonardoのUSBケーブルのソケットはマイクロB仕様です。
- ≫ Macに初めてLeonardoを接続すると、キーボードセットアップのウインドウが表示されます。このウインドウはすぐに閉じてしまってかまいません。

Leonardoのデジタルピンの何本かがアナログ入力としても使えるのは不思議な感じがしませんでしたか？　実はUnoにも隠れた機能があります。Unoの場合は逆方向で、アナログ入力ピンをデジタルピンとして使うことができます。下記の例はどちらも有効です。

```
pinMode(A4, OUTPUT);
button = digitalRead(A3);
```

このように1本のピンが複数の機能を持つことはマイクロコントローラの世界では一般的で、うまく利用するとピン不足を解決することができます。

違いがわかったところで、さっそくLeonardoをキーボード化する例に取りかかります。

---

† 訳注：Windows PCにLeonardoをつなぎ、ボード上のリセットボタンを短く押すと切断時のチャイムしか鳴らないことがあります。その場合も再接続はうまくできているようですが、リセットボタンを少し長く押すようにすると、切断と接続の両チャイムがきれいに鳴ります。

Arduino IDEのボード設定を "Arduino Leonardo" に変更するのを忘れないようにしましょう。Unoのままにしておくとスケッチを書き込めません。

Leonardoキーボード

Arduinoボードに接続したボタンを押すと、あたかもキーボードから入力したかのようにテキストがコンピュータへ送られます。そのテキストにはボタンが押された回数が記録されています。

回路は図4-5と同じものが使えます（LEDは不要です）。スケッチは次のExample 6-1を入力してください。

Example 6-1 USBキーボードの振りをしてテキストを送る

```
// キーボードボタンテスト　ボタンが押されたらテキストを送信する
// by Tom Igoe. This example code is in the public domain.
// http://www.arduino.cc/en/Tutorial/KeyboardButton

const int buttonPin = 7;          // プッシュボタンを接続するピン
int previousButtonState = HIGH;   // プッシュボタンの状態
int counter = 0;                  // 押された回数

void setup() {
  pinMode(buttonPin, INPUT);      // プッシュボタン用に入力に設定
  Keyboard.begin();               // キーボードライブラリを初期化
}

void loop() {
  int buttonState = digitalRead(buttonPin); // ボタンを読む
  // ボタンの状態が変化し、かつ、押されていたら
  if ((buttonState != previousButtonState) && (buttonState == HIGH)) {
    counter++;     // カウンタを+1してから
    // メッセージを送信する
    Keyboard.print("You pressed the button ");
    Keyboard.print(counter);
    Keyboard.println(" times.");
  }
  // 次回の比較のためボタン状態を保存
  previousButtonState = buttonState;
}
```

065

スケッチを書き込んだら、コンピュータ側でテキストエディタやワードプロセッサを起動し、そこにカーソルを移動して普段のキーボードから文字を入力できる状態にしてください。そうしたら、Arduinoボードに接続したボタンを何度か押してみましょう。

```
You pressed the button 1 times.
You pressed the button 2 times.
You pressed the button 3 times.
```

こんなふうに、ボタンを押すたびにメッセージが1行ずつコンピュータの画面に現れるはずです。
　前章で試したUSBシリアルによる通信とは何が違うのでしょうか？　ArduinonのSerial.println()は文字をASCIIコードで送り、それをコンピュータはシリアルポート経由で受信します。そのためシリアルポートへのアクセスが可能なソフトウェアが必要です。一方、今試したスケッチは、コンピュータ側から見るとUSBキーボードとまったく同じに見えるので、シリアル通信用のソフトウェアを用意しなくても文字を受信することができるのです。

キーボードスケッチの説明

　プッシュボタンの処理についてはもう説明不要ですね。キーボードオブジェクトについて少し詳しく見てみましょう。
　setup()内のKeyboard.begin()でキーボードオブジェクトが初期化されます。シリアルオブジェクトと同様に、ここでいうオブジェクトはキーボードの処理に必要な複数の機能がまとめられたソフトウェアの集合と考えてください。
　loop()はまずボタンが押されるのを待ちます。if文がボタンの押し下げを検知したら、押された回数（counter変数）をプラス1して、メッセージとその数字をUSB経由で送信します。そのときに使うのがKeyboard.print()とKeyboard.println()で、後者は行末で改行を行います。
　counterという変数が文字ではなく数値（整数）を保持している点に気がつきましたか？　数値は何桁になっても自動的に数字キーの「連打」に変換されます。

　連続的にKeyboard.print()を実行すると、まるでキーボードを押しっぱなしにしたように、文字がコンピュータへ押し寄せます。そうなると、通常のキーボード入力に支障を来すでしょう。
　本章のスケッチではボタンが押されたときだけ送信することにしました。LeonardoをUSBキーボードやUSBマウスとして使うときは、コントロールを失わないようにする工夫が必要です。

Leonardo マウス

次はマウスです。まるで誰かがマウスを握って操作しているかのようにLeonardoがマウスカーソルを動かし、クリックしてみせます。

図6-1の回路を作ってください。プッシュボタンのどれかを押すと、マウスカーソルが上、下、左、右のどちらかへ動きます。5個目のボタンは左クリックに対応します。

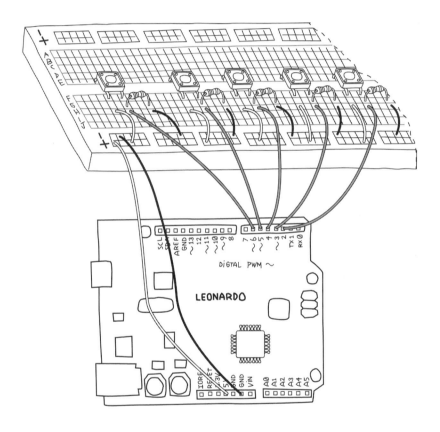

図6-1 Leonardoマウスの回路

スケッチは次のとおりです。長いので、打ち込む代わりにIDEに付属するサンプルスケッチ
を利用してもいいでしょう。「File」メニューから、「Examples」→「09.USB」→「Mouse」→
「ButtonMouseControl」と選択してください。

Example 6-2 USBマウスの振りをしてマウスカーソルを動かす

```
// ボタンでマウスをコントロール
// by Tom Igoe. this code is in the public domain

// 5個のプッシュボタンを接続するピンの番号
const int upButton = 2;
const int downButton = 3;
const int leftButton = 4;
const int rightButton = 5;
const int mouseButton = 6;

int range = 5;              // 1回ごとの移動距離
int responseDelay = 10;  // マウスの反応を少し遅らせる(ミリ秒)

void setup() {
  // デジタル入力ピンの設定
  pinMode(upButton, INPUT);
  pinMode(downButton, INPUT);
  pinMode(leftButton, INPUT);
  pinMode(rightButton, INPUT);
  pinMode(mouseButton, INPUT);
  // マウスの初期化
  Mouse.begin();
}

void loop() {
  // ボタンの状態をチェック
  int upState = digitalRead(upButton);
  int downState = digitalRead(downButton);
  int rightState = digitalRead(rightButton);
  int leftState = digitalRead(leftButton);
  int clickState = digitalRead(mouseButton);

  // ボタンの入力状態をもとに移動距離を計算
  int  xDistance = (leftState - rightState) * range;
  int  yDistance = (upState - downState) * range;
```

068   Arduinoをはじめよう | Arduino Leonardo

```
    // 計算の結果、移動距離がゼロでなければ、
    if ((xDistance != 0) || (yDistance != 0)) {
      Mouse.move(xDistance, yDistance, 0);   // マウスカーソルを移動
    }
    // 5番目のボタンが押されていたら、
    if (clickState == HIGH) {
      if (!Mouse.isPressed(MOUSE_LEFT)) {
        Mouse.press(MOUSE_LEFT);   // 左ボタンをクリック
      }
    }
    // 5番目のボタンが押されていないときは、
    else {
      if (Mouse.isPressed(MOUSE_LEFT)) {
        Mouse.release(MOUSE_LEFT);   // 左ボタンをリリース
      }
    }
    // マウスカーソルが速くなりすぎないよう遅延を入れる
    delay(responseDelay);
}
```

　このスケッチを書き込む前に不要なアプリは閉じて、Leonardo が予期しない領域をクリックしてもファイルが消えたりしないよう準備してください。

　スケッチを書き込んだら、ボタンをひとつ押してみましょう。勝手にマウスカーソルが動きましたね。5番目のボタンを押すと、左クリックしたのと同じ反応が画面に現れるはずです。

マウススケッチの説明

　スイッチが5個あるため行数が多いということを差し置いても、このスケッチは少し複雑ですね。とくに、マウスの移動距離を表す xDistance と yDistance という2つの変数に関する部分がわかりにくいと思います。

　digitalRead() で読み取ったピンの状態は1か0という数値として認識されます。これまではHIGHとLOWという2つのキーワードで表現していましたが、実体は1と0という数値なのです。そして、この数値を使って簡潔にカーソルの移動量を計算しているのが、次のコードです。

```
int  xDistance = (leftState - rightState) * range;
```

leftStateとrightStateには0か1のどちらか、rangeはいつも5、と頭に浮かべながらこの式を見ると、やっていることが見えてくるでしょう。xDistanceは横方向、もうひとつのyDistanceは縦方向の動きを表し、この2つを同時にMouse.move()へ渡すことで、上下左右あらゆる方向の移動を実現しています[†]。

マウスを自在に操れるということは、どんなアプリでも操作できてしまうということです。ビデオゲームの自動操縦をしたり、CdSセルと組み合わせて暗くなったら自動的にコンピュータをスリープ状態にするスケッチが作れるかもしれません。ただし、マウスカーソルが予期しない位置に移動し、予期しないクリックが発生すると、ファイルが消えるといった深刻なダメージが生じる可能性もあります。強力なパワーは慎重に使いましょう。

より詳しいLeonardoとUnoの違い

ここで説明する相違点は、初心者が意識する必要のないものがほとんどです。それでも、Leonardo特有のトラブルに遭遇しないよう、念のためまとめておきます。

» I2Cと呼ばれるシリアルポートがUnoにもLeonardoにもあります。ただし、割り当てられているピンが異なり、Unoではアナログ入力ピンのA4とA5、Leonardoではデジタルピンの2と3がI2C用です。8章でUnoのI2Cインタフェイスを使いますが、Leonardoに応用する場合はピン配置の違いに注意してください。

» ボードの端にICSPという名称の6本組みのピンがあります。このピンの内部接続がUnoとLeonardoでは異なり、このピンを使うごく一部のシールドや作例はLeonardoでは機能しません。

» Unoのシリアルポートが1つであるのに対し、Leonardoには2つあります。2つ目のシリアルにはSerial1という名前でアクセスできます。1つ目のシリアル (USBシリアル) はどのArduinoボードでもSerialという名前です。

» Unoのアナログ入力ピンは、デジタル入出力ピンと同様に数字で指定することができます。たとえば、A0は14、A1は15となります。よって、次の2行は同じ意味です。

```
pinMode(A0, OUTPUT);
pinMode(14, OUTPUT);
```

ところが、このルールはLeonardoには適用されず、14番ピンはA0として認識されません。そのためアナログ入力ピンを14以上の数字で指定しているスケッチは正しく動作しません。数字の代わりにピン名 (A0〜) で指定している次のコードは正しく動きます。

```
digitalWrite(A0, HIGH);
```

[†] 訳注：スケッチのなかのMouse.move()関数を見ると、Mouse.move(x, y, 0)のように、3つ目の引数が0になっています。この0はマウスホイールの移動量を指定する引数です。試しに0ではなく-1を入れて、Mouse.move(0, 0, -1)と実行してみると、カーソルは動かずエディタが逆スクロールしました。

070　　Arduinoをはじめよう | Arduino Leonardo

» Uno が接続されている状態で IDE のシリアルモニタを起動すると必ずボードにリセットがかかり、この特性をうまく利用しているスケッチも存在します。一方、Leonardo はシリアルモニタによってリセットされません。

» Uno の外部割り込みピンが 2 つなのに対して、Leonardo には 5 つあります。割り込み名とピン番号の対応も異なります。詳しくはリファレンスの attachInterrupt() の項を参照してください。

7 クラウドとの会話
Talking to the Cloud

これまでの章であなたは Arduino の基礎を学び、土台となるビルディングブロックを手
に入れました。ここでもう一度「Arduino のアルファベット」を思い出してください。

デジタル出力

すでに LED をコントロールするために使いました。適切な回路と組み合わせることで、モータの
制御や音の生成など、さまざまな用途に応用できます。

アナログ出力

この機能を使うと、LED をただ単にオンオフするだけでなく、明るさを調節できます。モータの回
転スピードをコントロールする目的にも使用可能です。

デジタル入力

プッシュボタンやティルトスイッチといった、シンプルなセンサの状態を読み取るのに使えます。

アナログ入力

ポテンショメータや光センサといった、オンオフではなく連続的に変化する信号を生成するセン
サに対して用います。

シリアル通信

コンピュータとデータを交換したいときの通信手段です。Arduino ボードの上で動作しているス
ケッチの状態を知るための簡単なモニター機能としても使用できます。

この章では、これまでに学んだ応用例を連携させる方法について見ていきます。1つ1つは小規
模な作品でも、組み合わせることで複雑な作品に生まれかわるのがわかるはずです。

それではここで私が信奉するデザイナーに登場してもらいましょう。ジョー・コロンボ (Joe
Colombo) はイタリアのデザイナーで、彼が 1964 年に発表した「Aton」というランプに私は強く
インスパイアされました。今から作るのは、そのクラシックなランプの 21 世紀バージョンです。

073

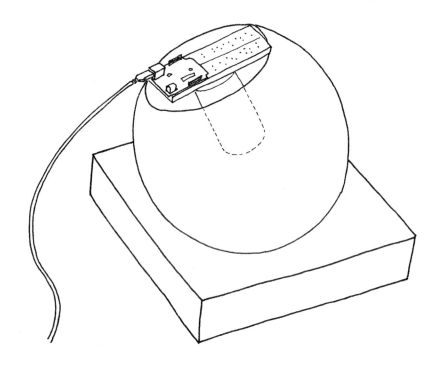

図7-1 ランプの完成形

　ランプはシンプルな球体で、転がって机から落ちないよう大きな穴のあいた四角い台の上に載っています（図6-1参照）。このデザインのおかげで、ユーザーはどの方向へも明かりを向けることができます。
　機能面を見てみましょう。このデバイスをインターネットに接続したいと思います。Make: Blog（blog.makezine.com）からダウンロードした記事リストに「peace」、「love」、そして「arduino」という言葉が何個含まれているかをカウントし、その数をもとにランプの色を決定します。ランプ自体は電源ボタンを持ち、光センサによって自動的に起動されます。

計画を立てる

どんなものを作りたいのか、そのためにはどんな材料が必要かを整理しましょう。まず、Arduino をインターネットに接続できるようにする必要があります。

USB ポートしか持っていない Arduino ボードを、ネットワークに直接つなぐのは無理です。また、Arduino は小さなメモリしか持たないシンプルなコンピュータなので、大きなファイルの処理は苦手です。RSS フィードを取得したとしても、冗長な XML ファイルがたくさんの RAM を必要とするのでそのままではうまく扱えません。Arduino とインターネットを橋渡ししてくれるものが必要です。

よく使われるのは、インターネットにつながっているコンピュータでデータを処理し、不要なものを取り除いて扱いやすくしてから Arduino へ送るという方法です。私たちは Processing 言語を使って、XML を単純化してくれる代理人（proxy）を実装することにしましょう。

Processing

Processing は Arduino の生まれ故郷です。私たちはこの言語を愛していて、美しいコードを書くためだけでなく、初心者にプログラミングを教える目的でも使用しています。Processing と Arduino は完璧なコンビと言えるでしょう。Processing はオープンソースであり、複数のプラットフォーム（Mac、Linux、Windows）で動作し、それらの OS すべてで実行可能なアプリケーションを生成できる点で優れています。さらに、Processing のコミュニティが活発で頼りになる点にも触れておきましょう。そこであなたはすぐに使える数千のサンプルプログラムを見つけることができます。Processing を次のページからダウンロードし[†]、インストールしてください。
https://processing.org/download

代理人は次のように働きます。まず、Arduino Blog から RSS フィードをダウンロードし、XML に含まれるすべての単語を抽出します。次に、それを調べて「peace」、「love」、「arduino」という単語が何回ずつ出現するかを数えます。そうして得られた 3 つの数字から色の値を計算し、Arduino ボードへ送ります。Arduino はセンサで測定した光量を送り返し、その値は Processing によってコンピュータの画面に表示されます。

ハードウェア側は、プッシュボタン、光センサ、PWM 制御の LED（3 つの LED を使います！）、そしてシリアル通信という 4 つの作例を融合したものです。

Arduino は単純なデバイスですから、色をコード化する方法も単純にしておいたほうがいいでしょう。HTML で色を表現するときの標準的な方法、つまり、# に続く 6 桁の十六進数を使うことにします。

8 ビットの数値を 2 文字で表現できる十六進数はとても便利です。十進数では 1 文字の場合もあれば、3 文字必要になることもあります。HTML 式のコード化はプログラムも簡単にしてくれます。バッファ（データを一時的に保管する変数）に流れ込んでくる文字のなかに # が現れるのを待ってから、続く 6 文字を読み取るだけです。それを 2 文字ずつ分割して、3 つの LED それぞれの明るさを表す 3 バイトに変換します。

---

† 訳注：processing.org はダウンロードページで寄付を募っています。寄付金を送る場合は、金額を選んでから "Donate & Download" をクリックします。PayPal またはクレジットカードでの送金を受け付けています。寄付をしない場合は金額の代わりに "No Donation" を選択します。

スケッチの作成

　2つのスケッチが必要です。1つは Processing のスケッチ。もう1つは Arduino のスケッチです。まずは Processing のスケッチから。

Example 7-1 Arduino ネットワークランプ（Processing 用スケッチ）

```
// Arduino ネットワークランプ
// 一部のコードは Tod E. Kurt (todbot.com) のブログを参考にした

import processing.serial.*;
import java.net.*;
import java.io.*;
import java.util.*;

String feed = "https://blog.arduino.cc/feed/";

int interval = 5 * 60 * 1000;   // フィードを取得する間隔
int lastTime;                   // 最後に取得した時間
int love    = 0;
int peace   = 0;
int arduino = 0;
int light = 0;                  // Arduino で測った明るさ

Serial port;
color c;
String cs;

String buffer = ""; // Arduino からの文字が溜まるところ
PFont font;

void setup() {
  size(640, 480);
  frameRate(10);        // 速い更新は不要

  font = createFont("Helvetica", 24);
  fill(255);
  textFont(font, 32);

  // 注意
  // 以下のコードは Serial.list() で得られるポートの1つ目が
```

076　Arduinoをはじめよう | クラウドとの会話

```
// Arduinoであることを前提にしています。そうでない場合は
// 次の1行(println)から//を取り除き(アンコメント)、再度
// スケッチを実行してシリアル・ポートのリストを表示し、
// Arduinoのポートを確認して、その番号で[と]の間の0を
// 置き換えてください
//println(Serial.list());
String arduinoPort = Serial.list()[0];

port = new Serial(this, arduinoPort, 9600); // Arduinoに接続

lastTime = millis();
fetchData();
}

void draw() {
  background( c );
  int n = (lastTime + interval - millis())/1000;

  // 3つの値をベースに色を組み立てる
  c = color(peace, love, arduino);
  cs = "#" + hex(c, 6); // Arduinoへ送る文字を準備

  text("Arduino Networked Lamp", 10, 40);
  text("Reading feed:", 10, 100);
  text(feed, 10, 140);

  text("Next update in "+ n + " seconds", 10, 450);
  text("peace", 10, 200);
  text(" " + peace, 130, 200);
  rect(200, 172, peace, 28);

  text("love ", 10, 240);
  text(" " + love, 130, 240);
  rect(200, 212, love, 28);

  text("arduino ", 10, 280);
  text(" " + arduino, 130, 280);
  rect(200, 252, arduino, 28);

  // 画面に色情報を表示
  text("sending", 10, 340);
```

077

```
    text(cs, 200, 340);

    text("light level", 10, 380);
    rect(200, 352, light/10.23, 28); // 最大1023から最大100に

    if (n <= 0) {
      fetchData();
      lastTime = millis();
    }


    port.write(cs); // Arduino へデータを送る

    if (port.available() > 0) { // データが待っているかチェック
      int inByte = port.read(); // 1バイト読み込む
      if (inByte != 10) {          // それがnewline(LF)ではないなら
        buffer = buffer + char(inByte); // バッファに追加
      } else {
        // newlineが届いたので、データを処理しましょう
        if (buffer.length() > 1) {   // データがちゃんとあるか確認
          // 最後の文字は改行コードなので切り落とす
          buffer = buffer.substring(0, buffer.length() -1);
          // バッファの文字を数値(整数)に変換
          light = int(buffer);
          // 次の読み込みサイクルのためにバッファを掃除
          buffer = "";
          // Arduinoからはどんどんセンサの読みが送られてくるので
          // 最新のデータを得るために溜まってしまったものは削除
          port.clear();
        }
      }
    }
  }
}


void fetchData() {
  // フィードのパースにこれらの文字列変数を使用
  String data;
  String chunk;

  // カウンタをゼロに
  love   = 0;
  peace  = 0;
```

```
arduino = 0;
try {
  URL url = new URL(feed);   // URLを表すオブジェクト
  URLConnection conn = url.openConnection();   // 接続を準備
  conn.connect();            // Webサイトに接続

  // 接続先からやってくるデータを1行ずつバッファするための仮想的なパイプ
  BufferedReader in = new BufferedReader(
    new InputStreamReader(conn.getInputStream()));
  // フィードを1行ずつ読む
  while ( (data = in.readLine ()) != null) {
    StringTokenizer st =
      new StringTokenizer(data, "\"<>,.()[] "); // それを分解
    while (st.hasMoreTokens ()) {
      chunk= st.nextToken().toLowerCase();           // 小文字に変換
      if (chunk.indexOf("love") >= 0 )   // "love"を見つけた？
        love++;                          // loveに1を加える
      if (chunk.indexOf("peace") >= 0)   // 以下同
        peace++;
      if (chunk.indexOf("arduino") >= 0)
        arduino++;
    }
  }
  // 各語を参照した回数は64を上限にしておく
  if (peace > 64)    peace = 64;
  if (love > 64)     love = 64;
  if (arduino > 64) arduino = 64;
  peace = peace * 4;      // 4を掛けて最大値を255にしておくと、
  love = love * 4;        // 色を4バイトで表現するのに便利
  arduino = arduino * 4;
}
catch (Exception ex) {  // エラーが発生したらスケッチを停止
  ex.printStackTrace();
  System.out.println("ERROR: "+ex.getMessage());
}
}
```

このProcessingスケッチを実行してもArduinoが反応せず、光センサからの情報も表示されない場合は、Processingスケッチのなかの「注意:」というコメントの指示に従って設定を変更してください。

コメントが指示しているのは、Arduinoとの会話に使用するシリアルポートの確認です。スケッチで指定したポートと、実際にArduinoが接続されているポートが一致している必要があります。

Macの場合、Arduinoのポートは、全シリアルポートの最後にある可能性が高いです。もしそうなら、スケッチのSerial.list()[0]がある行を次のように変更するだけで動きます。配列の最後の要素にアクセスするコードに書き直すわけです。
String arduinoPort = Serial.list()[Serial.list().length-1];

次にArduino用のスケッチを示します。

Example 7-2 Arduinoネットワークランプ（Arduino用スケッチ）

```
// Arduinoネットワークランプ
const int SENSOR = 0;
const int R_LED = 9;
const int G_LED = 10;
const int B_LED = 11;
const int BUTTON = 12;

int val = 0; // センサから読みとった値を格納する変数

int btn = LOW;
int old_btn = LOW;
int state = 0;
char buffer[7] ;
int pointer = 0;
byte inByte = 0;

byte r = 0;
byte g = 0;
byte b = 0;

void setup() {
  Serial.begin(9600); // シリアルポートを開く
  pinMode(BUTTON, INPUT);
}
```

```
void loop() {
  val = analogRead(SENSOR); // センサから値を読む
  Serial.println(val);        // シリアル通信で値を送信

  if (Serial.available() >0) {
    // 受信したデータを読み取る
    inByte = Serial.read();

    // マーカ (#) が見つかったら、続く6文字が色情報
    if (inByte == '#') {
      while (pointer < 6) {                  // 6文字蓄積
        buffer[pointer] = Serial.read(); // バッファに格納
        pointer++;                             // ポインタを1進める
      }
      // 3つの十六進の数字が揃ったので、RGBの3バイトにデコード
      r = hex2dec(buffer[1]) + hex2dec(buffer[0]) * 16;
      g = hex2dec(buffer[3]) + hex2dec(buffer[2]) * 16;
      b = hex2dec(buffer[5]) + hex2dec(buffer[4]) * 16;

      pointer = 0; // 次にバッファを使うときのためにクリア
    }
  }

  btn = digitalRead(BUTTON); // 読み取った値を格納

  // 変化があるかどうか
  if ((btn == HIGH) && (old_btn == LOW)){
    state = 1 - state;
  }

  old_btn = btn; // 古い値を保存しておく

  if (state == 1) { // ランプをオンにする場合
    analogWrite(R_LED, r); // コンピュータから来た
    analogWrite(G_LED, g); // 色情報に従って
    analogWrite(B_LED, b); // LEDを点灯する
  }
  else {
    analogWrite(R_LED, 0); // あるいは消す
    analogWrite(G_LED, 0);
    analogWrite(B_LED, 0);
```

```
  }
  delay(100); // 0.1秒待つ
}

int hex2dec(byte c) { // 十六進数を整数に変換
  if (c >= '0' && c <= '9') {
    return c - '0';
  }
  else if (c >= 'A' && c <= 'F') {
    return c - 'A' + 10;
  }
}
```

回路の組み立て

図7-2のとおりに回路を組み立ててください。3つのLEDに接続されている抵抗器は220Ω、CdSとプッシュボタンに使われている抵抗器は10KΩです。5章で使った部品が使えます。

LEDには極性があります(5章のPWMの例を思い出してください)。この図ではわかりませんが、向かって右側が長いピン(プラス)、左側が短いピン(マイナス)です。多くのLEDは、マイナス側に平らな印があります。

LEDの色は赤、緑、青のものをそれぞれ1本ずつ使います。回路ができたらArduinoボードを電源につなぎ、Processingスケッチを実行してみましょう。問題が生じたときは9章「トラブルシューティング」を参照してください。

ばらばらのLEDを3本使うかわりに、4本のリード線が出ているRGB LEDを1つ使う方法もあります[†]。つなぎ方は図7-2の方法と同様ですが、違うのはArduinoのGNDにはコモンカソードと呼ばれるピン1本だけをつなぐ点です。RGB LEDは普通のLEDと違って、一番長いリード線をグランドにつなぎます。それ以外の3本の短いリード線をArduinoのピン9、10、11に接続してください。LEDを3本使うときと同じように抵抗器を間に入れる必要があります。

> RGB LED(フルカラーLEDとも呼ばれます)には、カソード(GND側)が共通になっているカソードコモン型と、アノード(プラス側)が共通になっているアノードコモン型の2種類があります。本章のArduinoスケッチはカソードコモンの使用を想定しているので注意してください。アノードコモンを使う場合は、回路とスケッチの両方を変更する必要があります。

最後にブレッドボードをガラス製の球体に収めてできあがりです。ちょうどいい球を探しているのなら、IKEAのテーブルランプ「FADO」を買ってくるのがもっとも簡単な方法でしょう。値段は14.99ドルまたは14.99ユーロです(欧州人は余裕がありますね)[‡]。

[†] 訳注:RGB LEDの入手先(ショップ名、品番、URL)
秋月電子:I-02476 (http://akizukidenshi.com/catalog/g/gI-02476/)
[‡] 訳注:日本における価格は1999円です (http://www.ikea.com/jp/ja/catalog/products/90096376/)。

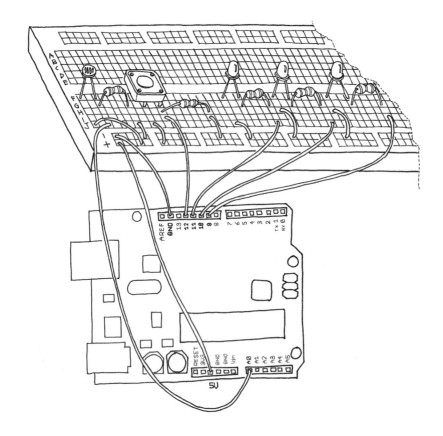

図7-2 Arduinoネットワークランプの回路

最後の仕上げ

市販のランプを改造する場合は、まずコンセントにつなぐ電線と電球を取り除きましょう。ここでは IKEA の FADO に組み込む前提で考えてみます。

Arduino とブレッドボードは輪ゴムでひとつにまとめ、ランプの外側にホットボンドで固定します。無理に中へ入れる必要はありません。

次に、長めの電線をブレッドボードから抜いた RGB LED にハンダ付けし、その LED を電球があった場所にホットボンドで固定してください。LED につながる電線の一端はブレッドボードに接続します（LED がもともと刺さっていた穴です）。4 端子の RGB LED を使うと、グランドの線が 1 本で済みます。

スタンドを自作する場合は、ちょうどいい大きさの木ぎれを見つけてきて穴を開けるか、ランプが入っていた段ボール箱を 5cm くらいの高さに切って穴を開けるといいでしょう。段ボール箱は、切り口をホットボンドで強化すると、より安定するはずです。スタンドができたらそこに球を置き、USB ケーブルをコンピュータに接続します。

ハードウェアが完成したら、Processing のコードを走らせ、ボタンを押し、ランプに生命が宿る瞬間を見守ってください。演習として、部屋が暗くなるとランプが点灯するコードを追加してみましょう。その他に次のような改良案が考えられます。

>> ティルトスイッチを追加。ランプを回して向きを変えると電源がオンオフする。
>> 小型の PIR センサを追加。誰かが近くに来ると電源が入り、離れると消えるようコントロールする。
>> 色を手動で選択するモードや、異なる色の間でフェードイン／フェードアウトする機能を追加する。

いろんなことを試し、経験を積んで、楽しみましょう！

8 時計じかけのArduino
Automatic garden-irrigation system

7章で作ったArduinoネットワークランプは、それまでに学んだ単純なスケッチを1つのプロジェクトにまとめたものでした。本章でも、新たな発想を加味したうえで複数のシンプルな作例をひとつのプロジェクトにまとめていきます。

作るのは自動灌水システムです。Arduinoを使って毎日決まった時間に水道のバルブを開けて庭に水を撒きます。湿度が高い時は（雨が降るかもしれないので）水撒きを中止する機能も加えます。

ガーデニングに縁のない人にとっても有用となるように本章は構成されています。下記の要素のどれかひとつにでも興味があれば、役に立つはずです。

- ❯❯ Arduinoに時計の機能を付け加えるRTCの使い方
- ❯❯ I2Cによるセンサとの通信
- ❯❯ モーターのように大電流を必要とする部品のコントロール
- ❯❯ リレーの駆動方法
- ❯❯ 温度湿度センサの使い方
- ❯❯ 回路図の基礎
- ❯❯ ブレッドボードで部品数の多い回路を組む方法
- ❯❯ 短いスケッチを組み合わせて長い複雑なスケッチを作る方法

教授としてものづくりを教えていると、ときどき、私には正確な作り方がすぐにわかるのだと誤解する学生たちがでてきますが、そんなことはありません。設計とは徹底的な反復のプロセスです。
—— Michael

新しい作品を作るときは、ひとつのアイデアからスタートして、それを小さなピースに分解しながら計画を立てていきます。新しい部品の使い方を調べたり、初めてのプログラミング技法を検討するために回り道をすることもあるでしょう。Arduinoの使ったことのない機能を学ぶために、インターネット上の作例やチュートリアルを分析することも必要です。そうやって集めた知識とアイデアをつなぎ合わせていくと、漠然としていたプロジェクトが次第に形を見せてきます。

その過程で、最初のアイデアを変更する必要がでてくるかもしれません。いつでも前の判断を修正できるようにしておくべきです。初めから終わりまで一度のやり直しもなくひとりで設計をやり遂げられるエンジニアなどいません。初心者かプロかに関わらず、またソフトウェアかハードウェアかにも関わらず、すでに自分が理解している部分からはじめて、そこにゆっくりと必要なパーツを付け加えていきましょう。

私は面白そうな部品やプログラミングコンセプトを見つけたら、すぐに使うあてがないものでも試してみることにしています。そうやって得た知識が新たな道具として備わっていくのです。エンジニアである以上、プロも学び続ける必要があります。初心者がつまずきながら新しいことを覚えていくのは自然なことです。

—— Michael

計画を立てよう

作りたいものを実現するためにどんな要素が必要かを考えていきましょう。

まず必要なのがガーデニング用の電磁バルブ。電気式の水栓として機能します。ホームセンターで入手可能です[†]。そのバルブに適した電源（ACアダプタ）も同時に購入してください。電磁バルブの電源はDC（直流）だけでなくAC（交流）の場合があり、ここではACも簡単に制御できるようリレーを使います。

5章ではMOSFETを使ってモーターを制御しました。DC式の電磁バルブならば同じ方法で制御可能ですが、AC式のものをMOSFETで制御しようとすると、回路を付け加える必要があります。リレーは電磁石を使った一種のスイッチで、ACを直接制御することができます。

次に水流をオンオフするタイミングについて考えます。決められた時刻に水を撒くためには、「時計」が必要ですね。Arduinoもタイマー機能を持っていますが、正確さや扱いやすさの面で今回の用途には不向きです。廉価な専用デバイスがあるので、それを使いましょう。RTC（Real Time Clock）です。RTCにコイン電池をつなげば、マイコン（ここではArduino）が停止している間も正確に時を刻み続けることができます。

雨が降るのに水撒きをするのは無駄なので、温度・湿度センサを接続して、スケッチでその値を確認してからバルブを開くことにします[‡]。利用するのは湿度のデータだけですが、使用するセンサからは温度の情報も得ることができます。

[†] 訳注：訳者がガーデニングに疎いためか、日本のホームセンターを探してもこの作例に登場するような単体の電磁バルブを見つけることはできず、翻訳時の検証にはMonotaROから購入した下記の製品を使いました。AC24V仕様なので、電気的には互換性があると思います。電源（ACアダプタ）はAmazonで購入したものを組み合わせました。
電磁弁 PL-DEV20：http://www.monotaro.com/p/8922/4764
AC/ACアダプター 24V：http://www.amazon.co.jp/dp/B001876Y0Y
本章の回路で制御できるアクチュエータは電磁バルブに限らないので、自分が試してみたいものに取り替えて考えてもいいのではないでしょうか。たとえば、照明用LED、水槽用ポンプ、PCケースのファン、ソレノイド、小型電球など、リレーの定格（後述）に収まる範囲でさまざまな機器を制御できます。

[‡] 訳注：原書初版では「湿度が50%を超えていたら雨」という判断基準になっていました。しかし、訳者の自宅（東京）でテストすると、湿度68%でも雨が降る気配はありませんでした。原著者（Michael）はカリフォルニア在住のようです。前提としている環境がかなり違うようなので、湿度センサと降雨判定に関する部分は記述を改め「湿度が高いときは雨が降るかもしれないので水撒きをやめる」という考え方に直しています。

水まきの時刻をセットするためのユーザーインタフェイスも必要ですね。液晶ディスプレイとスイッチが理想ですが、スケッチが複雑になりすぎるので、まずはシリアル通信を使うことにしましょう。

おおまかに要素を洗い出したら、簡単にブロックダイアグラムを描いて、それらがどう接続されるかを明確にすべきです。

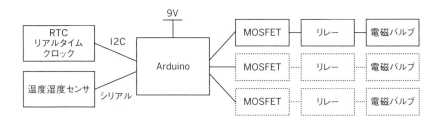

図8-1 使用する部品の関係を明らかにするブロックダイアグラム

図8-1を見ると電磁バルブが3つ描かれていますね。スケッチは図のとおり、3つのバルブを同時に制御できるよう開発します。ただし、回路の説明は簡略化のためバルブは1個ということにして進めます。本章の回路が完全に動くようになったら、2個目、3個目の電磁バルブについて考えてみてください。

プロジェクトは徐々に複雑になっていきます。その途中で、スケッチのデバッグをしやすくするためにLEDを1個追加します。使用部品についての詳しい説明は、必要になった段階で行います。

それではまずRTCからテストしましょう。

リアルタイムクロック（RTC）のテスト

RTCの中心は小さなチップです。よく使われるRTCチップのひとつがDS1307で、ここではそれに水晶発振器やバッテリホルダを組み合わせたモジュールを使用します。

DS1307のモジュールはいろいろなメーカーから出ていますが、機能はどれもよく似ているので、入手しやすいものを使ってください。本書ではoddWiresの"TinyRTC"を使って説明します[†]。

図8-2 RTC（リアルタイムクロック）モジュール

基板にはヘッダピンをハンダ付けして、ブレッドボードやArduinoのソケットに刺せるようにしてください。

 本書ではハンダ付けの仕方を説明しません。他の書籍やインターネット上の情報を参照してください。たとえば、『Make: Electronics ── 作ってわかる電気と電子回路の基礎』（オライリー・ジャパン）に詳しい説明があります。

DS1307はI2Cと呼ばれる通信インタフェイスを使います。ArduinoにはWireというI2C用の標準ライブラリがあり、それとAdafruitが提供しているDS1307用のライブラリを組み合わせることで、簡単にこのデバイスの機能を利用するスケッチを書くことができます。

---

† 訳注：翻訳時に入手方法を確認すると、原書のリンク先（Maker shed）にTinyRTCはなく、代わりにAdafruitの"DS1307 Real Time Clock Breakout Board Kit"が掲載されていました。この製品は国内でも下記のページから入手できます。
スイッチサイエンス ADA-264：http://www.switch-science.com/catalog/2007/
印刷されているピン名が一部異なりますが、レイアウトは互換性があるので、本書の用例と同じように使うことができました。部品と基板のキットなのでハンダ付けが必要です。

DS1307用のライブラリはインストールが必要なので、最初に済ませておきましょう[†]。
まずダウンロードの方法です。次のURLを開くと、右側に「Download ZIP」というリンクがあるはずです。

　　　https://github.com/adafruit/RTClib

それをクリックしてZIPファイルをダウンロードしたら、展開してください。RTC-masterというフォルダが現れましたね。ここにDS1307ライブラリのファイル一式が入っています。

このフォルダを、そのままArduinoのスケッチが保存されるフォルダにある「libraries」フォルダへコピーしたらインストール完了。IDEが起動中の場合は、いったん終了してから再度起動してください。

Arduinoスケッチフォルダの位置は、IDEの「Preferences」を開き、「Sketchbook Location」(スケッチブックの保存場所) という項を見るとわかります。

ライブラリが正常にインストールされたか確認しましょう。IDEの「Sketch」メニューから「Include Library」を選択してください。すると、リスト下部の「Contributed libraries」という分類のなかにRTClibという項目があります。ない場合は、正しいファイルをダウンロードしたか、ライブラリをコピーした先は正しいか (「libraries」のなかにありますか?)、コピー後IDEを再起動したかを確認してください。

多くの場合、ライブラリには使用例となるスケッチが付属していて、ユーザーは動くコードから使い方を学ぶことができます。IDEのメニューで「File」→「Examples」(スケッチの例) の順に選択すると、一覧が表示されます。

スケッチの例を利用してRTCの動作チェックを行いましょう。「File」メニューで「Examples」→「RTClib」→「ds1307」と選択して、スケッチを開いてください。このスケッチを書き込む前に、ハードウェアの準備です。TinyRTCモジュールはブレッドボードを使わなくても直接Arduinoのピンに接続できます。

RTCモジュール側の使用するピンは5V、GND、SDA、SCLの4本。それをArduinoのアナログ入力ピンに接続してください (図8-3)。ArduinoのA2ピンをGND、A3ピンを5Vとして使っています。こんなことができるのはRTCが超低消費電力なデバイスだからで、常に使える方法ではありません。

[†] 訳注: Arduino IDEのバージョン1.6以降にはライブラリをインストールするための機能が2つあります。ひとつはライブラリマネジャ。「Sketch」メニュー→「Include Library」→「Manage Libraries」と選択するとインストール可能なライブラリの一覧が表示され、そこから目的のライブラリを選び、「more info」→「Install」とクリックするだけでインストールできます。本書で使用するRTClibとDHT sensorライブラリも一覧にありました。もうひとつは、「Sketch」メニュー→「Include Library」→「Add .ZIP Library」と選択してから、ダウンロードしたZIPファイルを指定する方法で、ライブラリマネジャがサポートしていないライブラリを導入するときに便利です。

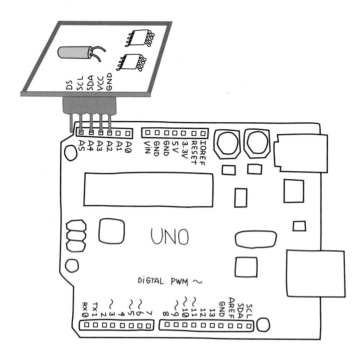

図8-3 RTCモジュールをUnoに直接つなぐ方法（この方法はUnoでしか使えない）。
電源端子がVCCと表記されているが、5VやV+といった表記の製品もある

A2、A3を電源として使うため、さきほど開いたスケッチに次の4行を追加してください。位置をわかりやすくするためsetup()から始めていますが、既存のsetup()の中に追加するという意味です。

```
void setup() {
    pinMode(A3, OUTPUT);
    pinMode(A2, OUTPUT);
    digitalWrite(A3, HIGH);
    digitalWrite(A2, LOW);
```

修正済みのスケッチは下記のページの「Download Example Code」をクリックすると入手できます。

http://bit.ly/ start_arduino_3e

Arduino Leonardo は I2C で使用するピンの構成が違うため、モジュールを直接端子に挿す方法は使えません。ブレッドボードを経由して、次のように接続してください。

モジュール	Arduino
GND --------	GND
5V --------	5V
SDA --------	SDA
SCL --------	SCL

同じ名前のピン同士をつなぐだけです。Uno を使う場合もこの方法で接続可能です（本章は Uno の使用を前提に説明しています）。ブレッドボードは必要ですが、スケッチの修正は必要ありません。

準備ができたら、スケッチを Arduino ボードへ書き込み、シリアルモニタを開いて右下のリストから 57600bps を選択しましょう。すると、次のようなメッセージが 3 秒間隔で表示されます。

```
2013/10/20 15:6:22
        since midnight 1/1/1970 = 1382281582s = 15998d
        now + 7d + 30s: 2013/10/27 15:6:52

2013/10/20 15:6:25
        since midnight 1/1/1970 = 1382281585s = 15998d
        now + 7d + 30s: 2013/10/27 15:6:55
```

このとき表示される時刻はかなり狂っているはずですが、時間が進んでいくことは確認できるでしょう。

実行したスケッチは、現在時刻（1 行目）のほかに、1970 年 1 月 1 日からの経過時間（2 行目）、現在時刻に 7 日と 30 秒を加算した日時（3 行目）を表示します。

RTC に正しい時刻をセットするには、コードの修正が必要です。次の行を見つけてください。

```
    rtc.adjust(DateTime(__DATE__, __TIME__));
```

そして、この行を rtc.begin() のすぐ後へ移動します。

```
    rtc.begin();
      rtc.adjust(DateTime(__DATE__, __TIME__));
```

この1行は「時計合わせ」をするためのものです。カッコのなかの___DATE___と___TIME___には、コンパイル時の日付と時刻が入っていて、コンピュータの時計が正確なら、RTCの日時も正確にセットされます（IDEが書き込みを終えるまでの数秒間はズレます）。

修正したスケッチを書き込んだら、正確な時刻が表示されることを確認してください。

```
2014/5/28 16:12:35
    since midnight 1/1/1970 = 1401293555s = 16218d
    now + 7d + 30s: 2014/6/4 16:13:5
```

正確な時刻をセットしたら、すぐにスケッチを最初の状態に戻し、再度書き込む必要があります。そうしないと、リセットするたびに、コンパイルしたときの時刻へ戻ってしまいます。

RTCは基板上のコイン電池が生きている間、時を刻み続けます[†]。

リレーのテスト

リレーを選ぶときは、制御する対象（ここでは電磁バルブ）が何アンペア必要とするかをまず考えてください。ほとんどのガーデニング用電磁バルブは300mA（ミリアンペア）程度なので、小型のリレーで対応可能です。次にリレーを動かすコイルにかける電圧に着目します。Arduinoと同じ5Vで動かすことができると回路がシンプルになるので、5V仕様のリレーがいいでしょう。

図8-4が使用したパナソニックDS2E-S-DC5V[‡]の外見で、メーカーが公開しているデータシートによると、スイッチ側の電圧を表すコイル定格電圧は5V、制御可能な電圧と電流を表す定格制御容量はDC30V 2Aです。ACの場合は125V 0.6Aが上限となります。今回の用途には十分ですね。

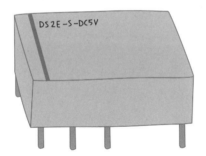

図8-4 5Vリレー

[†] 訳注：Adafruitによると、コイン電池で5年以上連続動作するようです。コイン電池なしでは正常に動作しないという記述もあります。
https://learn.adafruit.com/ds1307-real-time-clock-breakout-board-kit

[‡] 訳注：DS2E-S-DC5Vの注文品番はAG232944で、ショップによってはこの番号で検索しないとヒットしませんでした。マルツ、MonotaROなどで扱っています。5V駆動でDC30V 2A程度の容量を持つ小型リレーであれば他の製品も使えます。たとえば下記の製品が候補となるでしょう。
秋月電子：941H-2C-5D (http://akizukidenshi.com/catalog/g/gP-01229/)

このリレーをArduinoで直接動かすことはできません。コイルに5Vを掛けると40mAが流れる仕様なので、負荷が大きすぎます。5章でモーターを動かすときに使ったMOSFETの出番です。本章では小型のMOSFET、2N7000[†]を使いましょう。動作を安定させる10KΩの抵抗器と、リレーの動作時に生じる逆起電力から半導体を守るダイオード（1N4148[‡]を使用）も必要です。

 電源投入直後のArduinoのデジタル入出力ピンはすべて入力モードになっていて、pinMode()で設定を変更するまではそのままです。入力モードのピンはHIGHでもLOWでもない「浮いている（フローティング）」状態で、そこに接続したMOSFETはオンオフが定まりません。短時間オンに切り替わって、水が漏れ出すということも起こりえます。それを防ぐために、MOSFETのゲート端子とGNDをつなぐ10KΩの抵抗器（プルダウン抵抗）を付け加えます。この抵抗によって、ピンがLOW状態で安定し、HIGHにセットすればHIGHへ正しく切り替わります。

回路図入門

どんな部品がどう接続されているかを図で示したものが回路図です。回路図は部品の形や大きさを伝えるためのものではありません。実際の基板の形やレイアウトを表すものでもありません。回路図はその機能を明確かつ簡潔に伝えるためのもので、部品と配線は簡素な記号で表されます。

回路図を読み書きするにあたって最初に覚えてほしいのは次の2点です。

» 図の上のほうの電圧は高く、下のほうは低い。
» 信号は左から右へ流れる。

もちろん実際の図には例外も多いのですが、可能な範囲で上記のルールに従って書かれます。

回路図のなかの部品はシンプルな記号で表現されます。現実の部品の形状を元にしていることが多いのですが、そうでない場合もあります。Arduinoのようにピンがたくさんある複雑な部品は、そのまま記号化すると見にくく、書くのも大変なので、細部が省略されることがあります。たとえばArduino UnoにはGNDピンが3本ありますが、回路図に記入されているのはひとつだけかもしれません。実際にGNDピンがどこに何本あり、使うのはどのピンなのかは、組み立て方を検討する段階で考慮することになるでしょう。

図8-5は本章最初の回路図です。それを組み立てた状態をイラストレーションで示した実体配線図（図8-6）と比較してください。

---

† 訳注：2N7000の取扱店、品番、URLは次のとおり。
　秋月電子：I-03918（http://akizukidenshi.com/catalog/g/gI-03918/）
　共立電子：B67124（http://eleshop.jp/shop/g/gB67124/）
‡ 訳注：1N4148の取扱店、品番、URLは次のとおり。
　秋月電子：I-00941（http://akizukidenshi.com/catalog/g/gI-00941/）
　共立電子：8AH131（http://eleshop.jp/shop/g/g8AH131/）

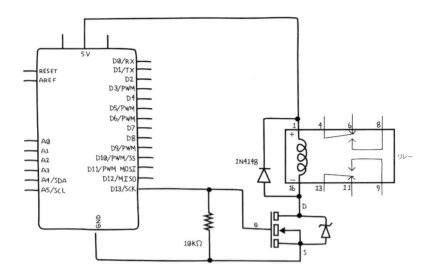

図8-5 Arduinoにリレーを接続した段階の回路図

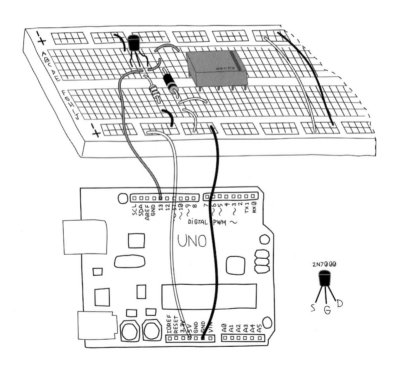

図8-6 Arduinoにリレーを接続した段階の実体配線図と2N7000のピン配置

🖉 LEDやダイオードは「向き」が重要でした。たとえば、LEDは短い方のピンをGND側にしないと光りません。向きが重要な部品はほかにもいろいろあって、MOSFETは3本のピンにゲート(G)、ソース(S)、ドレイン(D)という名前がついています。組み立てるときは、現実の部品と資料をよく見て、どのピンがGで、どのピンがSかを確認してください。型番が印刷されている平らな面を自分に向けて、左から順にピン名を読み上げるといいでしょう。2N7000はS、G、Dです。5章で使ったMOSFETとは異なるので要注意。

リレーにはピンが8本もあり、最初は混乱するはずです。上面の線が向きを表しているので、実体配線図のリレーの線(右側です)と実物の線の向きを揃えて組み立てると、間違えにくいと思います。

回路の組み立てが済んだら、スケッチを実行しましょう。MOSFETを13番ピンに接続したので、おなじみのBlinkスケッチが使えます。Arduinoボードに書き込むと、カチッカチッとリレーが切り替わる音が聞こえるでしょうか。内部の電磁石が金属の接点を動かしている音です。

電磁バルブのテスト

リレーの制御ができるようになったので、次はそのリレーに電磁バルブと電源を接続します。

電磁バルブと電源(ACアダプタを想定しています)からは、それぞれ2本の電線が出ているはずです。その先端がそのままブレッドボードに刺さればいいのですが、そうでない場合は、ちょっとした加工が必要となります。図8-7のように、ブレッドボード用のジャンパ線を継ぎ足してやるのが簡単な方法です[†]。ハンダ付けで接続した部分はかならずビニールテープや熱収縮チューブでカバーしてください。うっかり他の部品に触れるとショートします。

図8-7 電磁バルブやACアダプタの電線(より線=左側)に、ブレッドボード用の電線(単線=右側)を継ぎ足す

---

† 訳注:訳者が使用したACアダプタには2.1mm(Arduinoと同じ直径)のプラグがついていました。そこで、市販のブレッドボード用コネクタ変換キットを使って、そのプラグのままブレッドボードに接続できるようにしました。電線を継ぎ足すよりも安心です。たとえば、下記のような製品があります。
秋月電子:ブレッドボード用DCジャックDIP化キット(K-05148, http://akizukidenshi.com/catalog/g/gK-05148/)

準備ができたら、電磁バルブと電源をリレーに接続しましょう。このときはまだ電源をコンセントにつないではいけません。Arduinoも電源には繋がない状態で作業してください（配線をいじるときはいつもそうすべきですね）。

 間接的にではありますが、あなたのブレッドボードとコンセントがつながる瞬間です。配線に間違いはないか、露出している電線はないか、Arduinoも含めすべてが電源から切り離されているかを確認してから、作業してください。
　電磁バルブは水回りで使っても安全なように作られていますが、確実に動作するまでは水道のそばで作業するのは避けましょう。とくにACアダプタを濡れた手で扱うと感電する恐れがあります。常に回路は濡れないように注意してください。

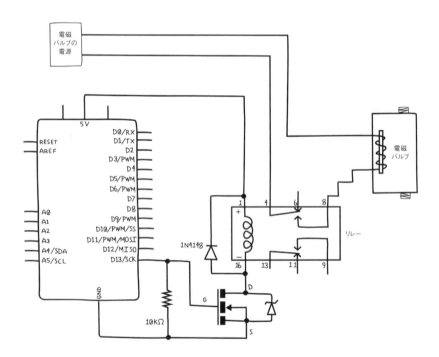

図8-8 電磁バルブを追加した回路図

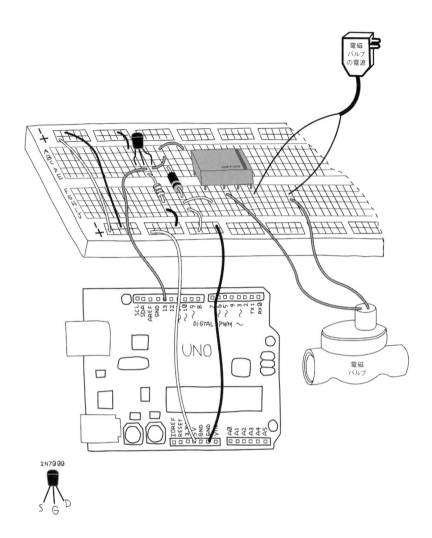

図8-9 電磁バルブを追加した実体配線図

　スケッチは先ほどと同様にBlinkが使えます。電磁バルブとArduinoボードを電源につなぐと、リレーの小さなカチッカチッという音と同時に電磁バルブの動作音が聞こえますか？ 聞こえるならここまでは完成です。聞こえない場合は、すぐに全電源を抜いて配線を確認してください。ただし、水圧がかかっていないと動作音が聞こえない電磁バルブもあります。

　電磁バルブの動きを目で見ることができないので、LEDを追加して状態を光で確認できるようにしましょう。

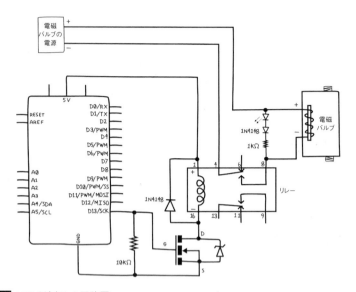

図 8-10 LEDを追加した回路図

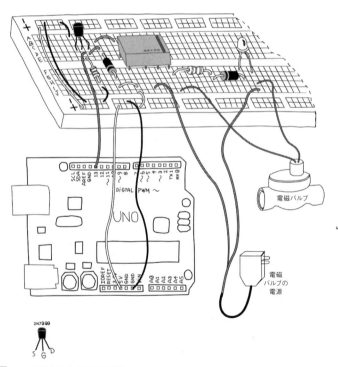

図 8-11 LEDを追加した実体配線図

回路図を見ると、LEDだけでなくダイオードと抵抗器が追加されているのがわかりますね。

このダイオードはAC電源のときだけ必要です。電圧の正負が周期的に変化するACの場合、LEDに対して逆向きの電圧がかかります。小さな逆電圧には堪えられるのですが、LEDの定格を超えると壊れてしまうので、それを防ぐために別のダイオードを直列につないでいます。リレーの導入時に使った1N4148がここでも使用可能です。抵抗器は電流を制限するためのもので、1KΩ以上のものを直列に接続してください。

さてこれで電磁バルブの制御ができるようになりました。次は雨降りを検知するセンサを試します。

温度・湿度センサのテスト

DHT11[†]は温度と湿度を同時に測定できる使いやすいセンサで、Arduinoと3本の線をつなぐだけで動作します。接続方法は図8-12と図8-13を見てください。

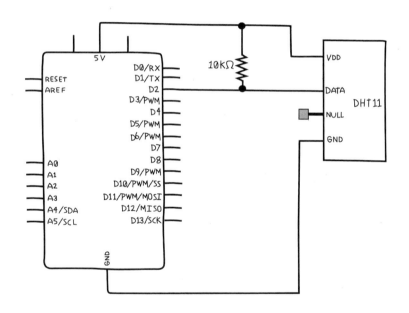

図8-12 DHT11温度・湿度センサとArduinoの回路図

---

† 訳注：DHT11の取り扱い店、品番、URLは次のとおり。
　秋月電子：M-07003 (http://akizukidenshi.com/catalog/g/gM-07003/)

101

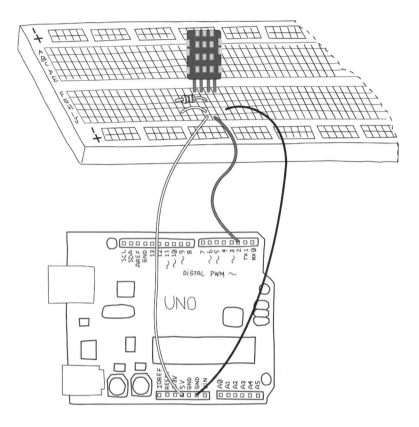

図8-13 DHT11をArduinoにつないだ実体配線図

　DHT11のDATAピンと5Vを結ぶ10KΩの抵抗器（プルアップ抵抗）が必要です。NULLと書かれているピンはどこにも接続しません。

　テスト用のスケッチは、AdafruitがGitHubで公開しているライブラリに含まれているものがおすすめです。下記のURLからZIPファイルをダウンロードし、展開すると現れるフォルダをlibrariesフォルダへコピーしてください。手順はRTCライブラリのときと同じです。

　https://github.com/adafruit/DHT-sensor-library

　Arduino IDEを再起動し、「File（ファイル）」→「Example（スケッチの例）」を開くと、「DHT sensor library」という項目が追加されています。そのなかの「DHTtester」を開き、次のコードを探してください。

```
// Uncomment whatever type you're using!
//#define DHTTYPE DHT11   // DHT 11
#define DHTTYPE DHT22   // DHT 22   (AM2302)
//#define DHTTYPE DHT21   // DHT 21 (AM2301)
```

このコードは DHT シリーズの 3 品種から、使用する 1 つを選んでいます。DHT22 を定義する行だけコメントになっていませんね。つまり、DHT22 を使うという意味です。

ここでは DHT11 を使いたいので、下記のようにコメントアウトする行を変更してください。

```
// Uncomment whatever type you're using!
#define DHTTYPE DHT11   // DHT 11
//#define DHTTYPE DHT22   // DHT 22   (AM2302)
//#define DHTTYPE DHT21   // DHT 21 (AM2301)
```

これで DHT11 を使用する準備ができました。スケッチを Arduino ボードへ書き込んで、シリアルモニタを開きましょう。すると、次のように表示されます†。

```
DHTxx test!
Humidity: 47.00 % Temperature: 24.00 *C 75.20 *F Heat index:
77.70 *F
Humidity: 48.00 % Temperature: 24.00 *C 75.20 *F Heat index:
77.71 *F
```

センサにそっと息を吹きかけると湿度が変化し、指を押し当てると温度が変化するはずです。

これで使用する部品ごとのテストが済みました。いよいよ、部品をまとめてひとつの作品に仕上げる段階へ進みますが、その前に、ソフトウェアで実現する機能をテストしておきます。

---

† 訳注：湿度（humidity）に続いて、温度が摂氏（C）と華氏（F）で出力され、最後に体感温度（head index）が華氏で示されます。

リレーを開閉する時刻を設定するスケッチ

　毎日、指定した時刻に水まきをするためには、バルブを開く時刻と閉じる時刻を設定する機能が必要です。複数のバルブを扱えるよう、配列を使って時刻を記録します。次のコードは、その配列の定義です。

```
const int NUMBEROFVALVES = 3;
const int NUMBEROFTIMES = 2;
int onOffTimes [NUMBEROFVALVES][NUMBEROFTIMES];
```

　最初にバルブの数と設定可能な時刻の数を定義しています。こうすることで、理解しやすく変更しやすいスケッチになります。定数の名前をすべて大文字にするのは普通の変数と区別するためです。

　onOffTimes は配列の配列になっていますね。びっくりしましたか？　このような配列を 2 次元配列といいます。表計算ソフトの行と列を思い出してください。この配列は、表の各行 (縦方向) にバルブの番号、各列 (横方向) に開閉時刻を記入した表と同じ構造です。

　横方向に時刻が並ぶわけですが、どの列がオンの時刻で、どの列がオフの時刻かをわかりやすくするために、やはり定数を宣言します。1 列目 (0 から数えます) がオンの時刻、2 列目がオフの時刻としました。

```
const int ONTIME = 0;
const int OFFTIME = 1;
```

　次に決めるのは、開閉時刻の設定方法です。これはユーザーインタフェイスに属する話題で、典型的な方法はボタンを使ったメニュー式でしょう。しかし、それを実現しようとすると、スケッチも回路も複雑になります。代わりに、シリアルモニタから Arduino へ簡単なメッセージを送って設定する方法をとります。

　どのバルブを、オンオフどちらに、何時に、という順番で記述することにし、オンとオフはそれぞれ N と F という 1 文字で (N は ON の N、F は OFF の F)、時刻は処理しやすい 24 時間制の 4 桁で (午後 1 時 5 分は 1305)、表すことにしましょう。

　たとえば、バルブ 2 を 13 時 5 分にオンにしたいときは、

```
2N1305
```

と記述します。

Arduinoでこのようなメッセージを受信してパース[†]するときは、Serial.parseInt関数が便利です。この関数は、シリアルポートからデータを読み込む点ではSerial.read()と同じですが、読んだデータが数字のときは、数字以外の文字が現れるまでをひとつの数値として読み込んでくれます。

次に、ユーザーがシリアルモニタから送った「命令」をSerial.parseInt()を使ってパースし、清書してシリアルモニタへ送り返すスケッチを示します。

Example 8-1 命令をパースするテスト

```
const int NUMBEROFVALVES = 3;
const int NUMBEROFTIMES = 2;
int onOffTimes [NUMBEROFVALVES][NUMBEROFTIMES];

const int ONTIME = 0;
const int OFFTIME = 1;

void setup() {
  Serial.begin(9600);
}

void loop() {
  // 命令文の例 "2N1345"
  // これを、バルブ番号、オンオフ(N/F)、時刻の3要素にパース
  while (Serial.available() > 0) {  // シリアルポートにデータあり
    int valveNumber = Serial.parseInt(); // バルブ番号を読み取る
    char onOff = Serial.read();   // 次はNかF
    int desiredTime = Serial.parseInt();   // 次に4桁の時刻を読む

    if (Serial.read() == '\n') { // 改行(NewLine)なら命令おわり
      if ( onOff == 'N') { // 命令がONなら
        onOffTimes[valveNumber][ONTIME] = desiredTime;
      }
      else if ( onOff == 'F') { // 命令がOFFなら
        onOffTimes[valveNumber][OFFTIME] = desiredTime;
      }
      else { // NでもFでもない場合はエラーメッセージ
        Serial.println ("You must use upper case N or F only");
```

[†] 訳注：ある文法に従って書かれた文を、その文法に従って分解し、コンピュータが処理できるデータ構造に変換することをパース(parse)あるいは構文解析といいます。

```
      }
    }
    else {  // 改行が来ない場合はエラーメッセージ
      Serial.println("no Newline character found");
    }
    // パースした結果を読みやすく清書して送り返す
    for (int valve = 0; valve < NUMBEROFVALVES; valve++) {
      Serial.print("valve # ");
      Serial.print(valve);
      Serial.print(" will turn ON at ");
      Serial.print(onOffTimes[valve][ONTIME]);
      Serial.print(" and will turn OFF at ");
      Serial.print(onOffTimes[valve][OFFTIME]);
      Serial.println();
    }
  } // ここまでSerial.available()の処理
}
```

このスケッチをArduinoボードに書き込んだら、シリアルモニタを開いてください。右下の通信条件の設定が「Newline」(LFのみ)と「9600bps」になっていますか？ スケッチが行末のコードを見て命令文の終わりを判断するので、改行コード無しやCRのみに設定されていると正しく動作しません。

設定が良ければ、命令を送ってみましょう。たとえば、「バルブ1を午後1時30分にオン」という指示を送るとしたら、「1N1330」と打って、送信ボタンを押します。すると、次のようにメッセージが返ってきます。

```
valve # 0 will turn ON at 0 and will turn OFF at 0
valve # 1 will turn ON at 1330 and will turn OFF at 0
valve # 2 will turn ON at 0 and will turn OFF at 0
```

3つのバルブ(0〜2)の状態が一覧になっていて、今送ったバルブ1の設定が命令どおりに変化しているのがわかります。

なお、次に完成版のスケッチを示しますが、そこでは命令のフォーマットを変更しています。単純な4桁の数字ではRTCが返す時刻と比較しにくいので、「13:30」のようにコロンで時と分を区切ることにします。また、ユーザーが設定時刻をいつでも確認できるよう「P」(print)というコマンドを導入し、シリアルモニタから「P」を送信すると一覧が表示され、時刻を設定するときは「S2N13:30」のように「S」(set)を先頭に付けて送信することにします。

106 Arduinoをはじめよう | 時計じかけのArduino

1本のスケッチにまとめる

これで機能ごとのテストはすべて完了しました。それらを1本のスケッチにまとめ、完成版としま
す。全機能を setup() と loop() に入れてしまうと、理解できないほど複雑なスケッチになって
しまうので、機能ごとに関数を作り、それを loop() から呼び出すことにしましょう。たとえば、先
ほどのパース機能は expectValveSettings() という名前の関数となって登場します。

Example 8-2 Arduino 灌水システム

```
#include <Wire.h>     // Wireライブラリを導入 (RTCライブラリが使用)
#include "RTClib.h"   // RTCライブラリを導入
#include "DHT.h"      // DHTセンサライブラリを導入


// 使用するアナログピン
const int RTC_5V_PIN = A3;
const int RTC_GND_PIN = A2;


// 使用するデジタルピン
const int DHT_PIN  = 2;        // 温度湿度センサ
const int WATER_VALVE_0_PIN = 8;
const int WATER_VALVE_1_PIN = 7;
const int WATER_VALVE_2_PIN = 4;
const int NUMBEROFVALVES = 3;  // 電磁バルブの数
const int NUMBEROFTIMES = 2;   // 時刻設定の数


// バルブをオンオフする時刻を記憶する配列
int onOffTimes [NUMBEROFVALVES][NUMBEROFTIMES];
// 配列中のオン時刻とオフ時刻を示すインデクス
const int ONTIME = 0;
const int OFFTIME = 1;
// 各バルブがどのピンに接続されているかを表す配列
int valvePinNumbers[NUMBEROFVALVES];


#define DHTTYPE DHT11     // DHT11を使用 (DHTライブラリが使用)
DHT dht(DHT_PIN, DHTTYPE); // DHTオブジェクトの生成


RTC_DS1307 rtc;        // RTCオブジェクトの生成


// 複数の関数が使用するグローバル変数
DateTime dateTimeNow;   // RTCからの値
float humidityNow;       // DHT11から受け取った湿度
```

107

```
void setup() {

  // RTCをArduinoに直結しない場合、以下の4行は不要
  pinMode(RTC_5V_PIN, OUTPUT);
  pinMode(RTC_GND_PIN, OUTPUT);
  digitalWrite(RTC_5V_PIN, HIGH);
  digitalWrite(RTC_GND_PIN, LOW);

  Wire.begin();         // Wireライブラリを初期化
  rtc.begin();          // RTCオブジェクトを初期化
  dht.begin();          // DHTオブジェクトを初期化
  Serial.begin(9600);  // シリアル通信を9600bpsで初期化

  // バルブ番号と接続されているピン番号の対応付け
  valvePinNumbers[0] = WATER_VALVE_0_PIN;
  valvePinNumbers[1] = WATER_VALVE_1_PIN;
  valvePinNumbers[2] = WATER_VALVE_2_PIN;
  // バルブ制御用のピンのモードを出力に変更
  for (int valve = 0; valve < NUMBEROFVALVES; valve++) {
    pinMode(valvePinNumbers[valve], OUTPUT);
  }
}

void loop() {

  // コマンドの例を繰り返し表示
  Serial.println("Type 'P' or 'S2N13:45'");

  // 現在の日時、温度、湿度を表示
  getTimeTempHumidity();

  // ユーザーからのリクエストを処理
  checkUserInteraction();

  // リレーの開閉処理を行う
  checkTimeControlValves();

  // 5秒待機
  delay(5000);
}
```

108   Arduinoをはじめよう | 時計じかけの Arduino

```
// 現在の日時、温度、湿度を取得
void getTimeTempHumidity() {

  // 現在時刻を取得して表示
  dateTimeNow = rtc.now();
  if (! rtc.isrunning()) {
    Serial.println("RTC is NOT running!");
    // RTCを初めて使用する場合はrtc.adjustの行をif文の外へコピーし、
    // 1度だけ実行してRTCの時計をセットします。
    // RTCのテストの時にセット済みならこのスケッチでの実行は不要です。
    // rtc.adjust(DateTime(__DATE__, __TIME__));
    return;  // RTCが動作していない場合は以下の処理を行わない
  }
  Serial.print(dateTimeNow.hour(), DEC);
  Serial.print(':');
  Serial.print(dateTimeNow.minute(), DEC);
  Serial.print(':');
  Serial.print(dateTimeNow.second(), DEC);

  // 温度と湿度を取得して表示
  humidityNow = dht.readHumidity();
  float t = dht.readTemperature();      // 摂氏
  float f = dht.readTemperature(true);  // 華氏

  // 値の取得に失敗していたら、エラーメッセージを出力して中断
  if (isnan(humidityNow) || isnan(t) || isnan(f)) {
    Serial.println("Failed to read from DHT sensor!");
    return;
  }

  Serial.print(" Humidity ");
  Serial.print(humidityNow);
  Serial.print("% ");
  Serial.print("Temp ");
  Serial.print(t);
  Serial.print("C ");
  Serial.print(f);
  Serial.print("F");
  Serial.println();
}
```

```
// ユーザーからのリクエストをチェックして、正しいフォーマットなら
// その命令を実行する
void checkUserInteraction() {

  while (Serial.available() > 0) {
    // 1文字によってモードを切り替える
    char temp = Serial.read();

    // 1文字目がPの場合は設定状況を出力してブレーク
    if ( temp == 'P') {
      printSettings();
      Serial.flush();
      break;
    }
    // 1文字目がSの場合は設定変更
    else if ( temp == 'S') {
      expectValveSetting();
    }
    // PでもSでもないときは使い方を表示してブレーク
    else {
      printMenu();
      Serial.flush();
      break;
    }
  }
}



// "2N13:45"というフォーマットの文字列をパースして
// バルブごとの開閉時刻を設定する
void expectValveSetting() {

  // 1文字目はバルブ番号を表す整数
  int valveNumber = Serial.parseInt();
  // 2文字目はNまたはF(ONかOFF)
  char onOff = Serial.read();
  // 次の2文字は「時」
  int desiredHour = Serial.parseInt();
  // 時と分を区切るコロン':'か?
  if (Serial.read() != ':') {
    Serial.println("no : found"); // コロン以外ならエラー
```

110　　Arduinoをはじめよう | 時計じかけの Arduino

```
    Serial.flush();
    return;
  }
  // 次の2文字が「分」
  int desiredMinutes = Serial.parseInt();
  // 行末はNewline(LF=ラインフィード)か?
  if (Serial.read() != '\n') {
    Serial.println(
      "Make sure to end your request with a Newline");
    Serial.flush();
    return;
  }


  // 指定された時と分をもとに0時からの経過時間(分)に変換
  int desiredMinutesSinceMidnight =
    (desiredHour * 60 + desiredMinutes);

  // 取得した情報を配列に反映させる
  if ( onOff == 'N') { // ON時刻
    onOffTimes[valveNumber][ONTIME] =
    desiredMinutesSinceMidnight;
  }
  else if ( onOff == 'F') { // OFF時刻
    onOffTimes[valveNumber][OFFTIME] =
    desiredMinutesSinceMidnight;
  }
  else { // NでもFでもない場合はエラーメッセージ
    Serial.println ("You must use upper case N or F to indicate
ON time or OFF time");
    Serial.flush();
    return;
  }

  printSettings();
}


// 設定された時刻をもとにバルブの開閉を行う
void checkTimeControlValves() {

  // 現在時刻を取得し、それを0時からの経過時間(分)に変換
```

```
    int nowMinutesSinceMidnight =
      (dateTimeNow.hour() * 60) + dateTimeNow.minute();

  // 設定された条件との比較をバルブの数だけ繰り返す
  for (int valve = 0; valve < NUMBEROFVALVES; valve++) {
    Serial.print("Valve "); // バルブ状態の表示を並行して行う
    Serial.print(valve);
    Serial.print(" is now ");

    // 現在時刻がバルブのON時刻とOFF時刻の間ならバルブを開く
    if ( ( nowMinutesSinceMidnight >= onOffTimes[valve][ONTIME])
&&( nowMinutesSinceMidnight < onOffTimes[valve][OFFTIME]) ) {

      // 湿度が高い＝雨天なら水まきは中止（湿度80%が閾値）
      if ( humidityNow > 80 ) {
        Serial.print(" OFF ");
        digitalWrite(valvePinNumbers[valve], LOW); // バルブ閉じる
      }
      else {
        Serial.print(" ON ");
        digitalWrite(valvePinNumbers[valve], HIGH); // バルブ開く
      }
    }
    else {
      Serial.print(" OFF ");
      digitalWrite(valvePinNumbers[valve], LOW);
      // 時間外なので閉じる
    }
    Serial.println();
  }
  Serial.println();
}


// 現在の設定内容を見やすく清書してユーザーに送る
void printSettings(){
  Serial.println();
  for (int valve = 0; valve < NUMBEROFVALVES; valve++) {
    Serial.print("Valve ");
    Serial.print(valve);
    Serial.print(" will turn ON at ");
```

```
    // 時間（分）を時刻に変換して表示
    Serial.print((onOffTimes[valve][ONTIME])/60);
    Serial.print(":");
    Serial.print((onOffTimes[valve][ONTIME])%(60));
    Serial.print(" and will turn OFF at ");
    Serial.print((onOffTimes[valve][OFFTIME])/60); // 時間
    Serial.print(":");
    Serial.print((onOffTimes[valve][OFFTIME])%(60)); // 分
Serial.println();
  }
}


void printMenu() {
  Serial.println("Please enter P to print the current settings
");
  Serial.println("Please enter S2N13:45 to set valve 2 ON time
to 13:34");
}
```

ひとつの電子回路にまとめる

ソフトウェアが完成しました。ハードウェアもこれまでにテストしたものをひとつにまとめて完成させましょう。統合（integration）は単純なようで難しい作業です。単体では問題がなかった複数のコンポーネントを統合した途端、予期していなかった衝突が発生するのはよくあることです。配線の量が格段に増えるので、慎重に作業しましょう。

図8-14が全体の回路図です。実体配線図（図8-15）と照らし合わせながら組み立ててください[†]。

---

† 訳注：最後の回路図ではリレーがそれまでのpin 13ではなく、pin 8に接続されているので注意してください。使用するピンを変更する場合は、スケッチ（Example 8-2）の修正も必要です。

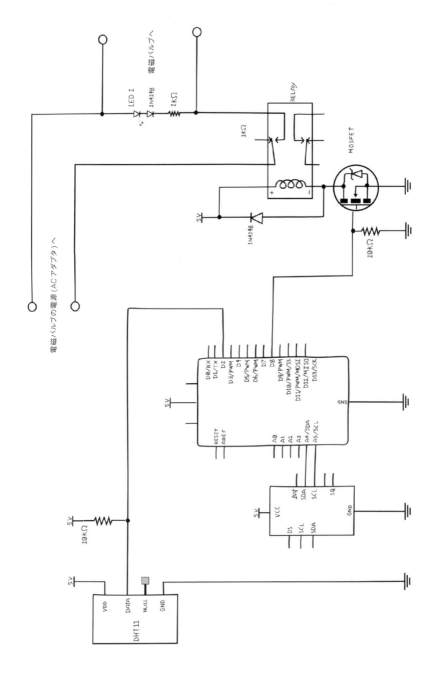

図8-14 Arduino灌水システムの回路図

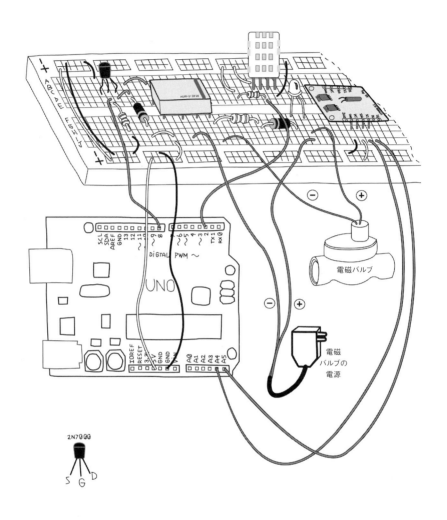

図8-15 Arduino灌水システムの実体配線図

複雑な回路を組み立てるときは、回路図をコピーし、色鉛筆か蛍光ペンを持って、配線を終えた部分に印を付けながら進めるといいでしょう。

組み立てが終わったら、Arduinoボードにスケッチを書き込んでください。そうしたら、シリアルモニタを開きます。5秒おきに次のようなメッセージが表示されるでしょう。

```
13:30:45 Humidity 57.00% Temp 26.00C 78.80F
Valve 0 is now  OFF
Valve 1 is now  OFF
Valve 2 is now  OFF
```

現在時刻、湿度、温度、全バルブの状態を示しています。シリアルモニタから「P」を送信すると、現在の設定状況が次のように表示されます。

```
Valve 0 will turn ON at 0:0 and will turn OFF at 0:0
Valve 1 will turn ON at 0:0 and will turn OFF at 0:0
Valve 2 will turn ON at 0:0 and will turn OFF at 0:0
```

まだ何も設定していないので、すべて0時0分ですね。バルブ2の開閉時刻を設定してみましょう。「S2N13:30」と「S2F13:40」を送信してください。もちろん、時刻は好きな値に変更してかまいません。設定変更はすぐに反映され、次のように表示されます。

```
Valve 2 will turn ON at 13:30 and will turn OFF at 13:40
```

これで13時30分にリレーがカチリと鳴ってオンとなり、40分にもう一度鳴ってオフとなるはずです。

スケッチは3つの電磁バルブに対応していますが、回路側には1個しかないので、バルブ1とバルブ2は設定してもシリアルモニタ上の表示が変化するだけです。電磁バルブを増やすときは、スケッチを見て、どのピンがバルブの制御に使われているかを確認してください。

このシステムを実際にあなたの庭に設置して長期間動かすためにはハードウェアをもっと頑丈に作り直す必要があるでしょう。残念ながら、そうした高度な工作テクニックの解説は他書にゆずらなくてはなりません。本章からは、RTCや温度センサといった一般的なコンポーネントとライブラリの使い方、リレーによるアクチュエータの制御方法、シリアル通信ベースの簡易的ユーザーインタフェイスの作り方、そして少し規模の大きいスケッチの書き方などを取り入れてください。

9 トラブルシューティング
Troubleshoting

実験をしていると、うまくいかない時がかならずやってきます。解決方法は自分で見つけ出さなくてはなりません。トラブルシューティングとデバッギングは古くから伝わる技芸であり、そこにはシンプルなルールがいくつかあります。ただし、多くの経験を積むことこそが結果につながります。

　エレクトロニクスとArduinoに触れる時間を積み重ねるうちに、あなたは学び、経験を増やして、ついには楽々と扱えるようになるはずです。問題にぶつかっても、くじけてはいけません。分かってみれば案外かんたん、ということが多いものです。

　Arduinoを使うプロジェクトはハードウェアとソフトウェアの両方からできているので、うまくいかないときはたいてい2カ所以上を調べることになります。バグを探すときは次の方針に沿って進んでみましょう。

理解する

　あなたの使っているパーツがどのように働き、最終的にプロジェクトのなかでどのような役目を担うのかを、最大限に理解するよう心がけてください。そうすれば、それぞれのパーツを1つずつテストする方法が見つかるでしょう。

単純化と分割

　「分割して統治せよ（divide et impera）」は古代ローマの言葉です。理解可能な大きさになるまでプロジェクトを（頭のなかで）分解して、それぞれのコンポーネントの責任範囲を明確にします。

除外と確認

　調査の過程では、コンポーネントを1つ1つ個別にテストして、正常に動作していることを確認します。プロジェクトのどの部分が本来の仕事をしていて、どの部分が怪しいかを少しずつ見極めていきます。

　「デバッギング」はおもにソフトウェアに対して使われる言葉ですが、伝説によると、1940年代の機械式コンピュータに本当の虫が侵入してどこかに詰まり、計算が止まってしまったことが由来のようです。

　今日のバグの多くは物理的なものではなく、少なくとも部分的にはバーチャルで目に見えません。そのため、時として、発見までに長く退屈な作業が必要となります。

Arduino ボードのテスト

いきなり複雑な回路に挑戦するのではなく、すぐに結果がわかる基本的な事柄から確認していきましょう。まず最初は Arduino ボードに載っている LED を光らせることをおすすめします。ボードと IDE が正しく動作しているか、そしてスケッチを正常に書き込めるかを確認できます。作ったスケッチが動かないときも、いったんブレッドボードをはずして、Arduino ボード単体で LED をチカチカさせてみるといいかもしれません。

テストに使うスケッチは IDE の「Example（スケッチの例）」に収録されている Blink がいいでしょう。一番基本となるスケッチです。

それではもし Blink が動作しなかったら？

旅客機のパイロットは、離陸前に点検のためチェックリストを読み上げます。そんなふうにいくつかの事項を順を追って確認すべきです。

Arduino ボードをコンピュータの USB ポートに接続したら、次のことを確認してください。

》 ボード上の ON というラベルの LED は光っていますか？ LED の光が弱いときは、電源まわりに何か異常があります。USB または AC アダプタなどの外部電源がしっかり接続されていることを確認しましょう。

PC につないだ USB から電源をとっている場合は、その PC の電源が入っていることを確かめてください（馬鹿げて聞こえるかもしれませんが、ありえる話です）。電源は正常なのに動かないというときは USB ケーブルを取り替えてみてください。それでも解決しないときは、別の USB ポートを試すか、別の PC を用意することになります。

外部電源を使っている場合はそれがコンセントにつながっていることを確認しましょう。AC アダプタの電圧は 7V 以上 12V 以下でなくてはいけません。プラグの形状も確認してください。2.1mm・センタープラスという仕様です。

》 新品の Arduino ボードにはあらかじめテスト用のプログラムが書き込まれていて、Blink サンプルを書き込まなくても、L の印がついている黄色い LED が点滅します。

》 ボードは正常だがスケッチを書き込めないという場合は、まず IDE の設定を確認しましょう。「Tools（ツール）」メニューの「Board（ボード）」と「Port（ポート）」の設定は、実際に使用しているボードとポートに一致していますか？ ポートが見つからないときは、いったん USBケーブルを抜き、IDE も終了して、そのあと再度ボードを接続してから、IDE を立ち上げてください。

希に USB ケーブルの品質が問題となることがあります。接続が不安定な場合は別の USB ケーブルに替えると変化があるかもしれません [†]。

上記のステップを確認し終えたら、改めて Blink スケッチを書き込み、LED が点滅することを確認してください。

上記のステップがすべて大丈夫ならば、Arduino ボードは正常に動作しています。

---

† 訳注：電源ケーブルとしては機能するけれど、書き込み（データ通信）ができない USB ケーブルに遭遇したことが数回あります。Leonardo に使う Micro USB ケーブルに多いかもしれません。

ブレッドボード上の回路をテスト

次は Arduino ボードとブレッドボードをつないでのテストです。

Arduino の 5V と GND から、ブレッドボードのプラス側とマイナス側のレールへ配線したときに、緑の PWR LED が消えるようならば、ただちにすべての配線を外してください。これはあなたが重大なミスを犯し、どこかが「ショート」したことを意味しています。ショートが生じると、回路は過大な電流を引きだそうとするので、コンピュータを守るために電源を切断する必要があります。

回路をショートさせてしまったら、「単純化と分割」プロセスの始まりです。

最初にチェックすべきなのはいつでも電源（5V と GND との接続）で、回路の各部に正しく電力が供給されていることをまず確認しましょう。

問題解決のためのルールその 1 は「変更は一度に一カ所だけ」です。私は若いころ、このルールを師であり最初の雇い主だったマウリッツィオ・ピローラ（Maurizio Pirola）教授からたたき込まれました。いまでもよくあることですが、デバッグがうまくいかないときは、先生のこの言葉が頭に浮かんできて、そのとおりにすると何でも解決してしまうのです。

変更を加えることで問題が解決するからこそ、このルールが重要となります（どの修正が問題を解決したのかが分からないと、真の解決にはならないわけです）。

デバッギングの経験 1 つ 1 つが、問題と解決策の「ナレッジベース」となってあなたの頭のなかに蓄積されます。気が付いたころにはエキスパートになっているでしょう。初心者が「動かない！」と言うや否や、瞬時に答を授けることができるあなたは、とてもクールな人物と見なされるようになるはずです。

ほとんどのコンピュータは高速に反応する過電流保護機能を持っているので、そう心配はいりません。また、Arduino ボードは「ポリヒューズ」と呼ばれる過電流保護素子を備えています。この素子は障害が解決するとリセットされます。

それでもまだ心配ならば、Arduino ボードを常にセルフパワードな USB ハブだけに接続してください。そうすれば、ひどい失敗をしても、壊れるのはハブだけでコンピュータは無事です。

問題を切り分ける

ランダムなタイミングでおかしなふるまいをする回路から、問題が起こる正確な瞬間とその原因を見つけ出すのは困難です。

問題を再現する確かな方法を見つけることが、もう1つの重要なルールといえます。

再現できれば、原因について考えたり、起きていることを誰か他の人に説明することができるようになります。

言葉を使って問題を詳しく描写するのも、解決策を見つける良い方法です。相手は誰でもいいので、問題点を説明してみましょう。多くの場合、話をしている途中で解決策が頭に浮かんできます。

ブライアン・W・カーニハンとロブ・パイクの著書『プログラミング作法』(アスキー) では、ある大学の事例が語られています。「ヘルプデスクのそばにはクマのぬいぐるみがあった。不思議なバグに悩まされている学生は人間のカウンセラーに相談する前に、そのクマに説明しなくてはいけなかった」。

Windows用ドライバの
自動インストールに失敗したとき

新しいハードウェアを接続したときにドライバを自動的にインストールするはずのウィザードが正常に機能しないことがあります。そうなった場合は、手動でドライバを指定してください。

ウィザードが最初に表示する「ソフトウェア検索のために Windows Update に接続するか」という問いには「いいえ」を選択します。次のページでは、「一覧または特定の場所からインストール」を選びます。そうしたら、IDE と同じフォルダにある drivers フォルダを指定してください[†]。

Windows版 Arduino IDE で
起こるかもしれない問題

フォルダ内の Arduino アイコンをダブルクリックしても IDE が立ち上がらないときは、arduino.exe をダブルクリックしてください。

Windows ユーザーは、Arduino が接続されている COM ポートの番号が 10 以上に割り当てられているとき、問題に遭遇する可能性があります。その場合、もっと小さい番号になるよう、Windows を設定する必要があります。

まず、デバイスマネージャーを開きます。スタートボタンから「コントロールパネル」、「システムとメンテナンス」、「デバイスマネージャ」の順にクリックするのが1つの方法です。Windows8 では画面右下隅をポイントすると現れる検索チャームで「デバイスマネージャー」を検索するとアイコンが現れるはずです。

---

† 訳注：訳者の環境 (Windows8.1) では、「PC」→「Windows(C:)」→「Program Files(x86)」→「Arduino」→「Drivers」でした。

120　　Arduinoをはじめよう ｜ トラブルシューティング

デバイスのリストが現れたら、「ポート（COMとLPT）」という項目の下を見て、COM9以下のシリアルポートを探してください。見つけたら、そのアイコンをダブルクリックしてプロパティを開き、「Port Settings」タブの「Advanced...」ボタンをクリックします。ここで、ポート番号を10以上に変更します。次にまた「ポート（COMとLPT）」の下の階層で「USBSerialPort」を探してください。これがArduinoが接続されているポートです。このポートの番号を先ほどと同じ手順でCOM9以下に変更します。

これでArduinoボードがそのCOMポート番号で認識されます。Arduino IDEでそのポートを指定しましょう。

WindowsでArduinoが接続されているCOMポート番号を調べる方法

まずUSBケーブルでArduino Unoとあなたの PCをつないでください。

次にWindowsのデバイスマネージャーを開きます。接続中のArduinoボードは「ポート（COMとLPT）」の中に表示されます。図9-1ではCOM7としてArduino Unoが認識されているのがわかります。

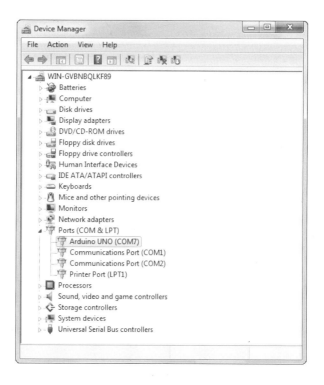

図9-1 Windowsのデバイスマネージャーで表示される使用可能なシリアルポート

121

オンラインヘルプ

　行き詰まってしまったら、何日も1人で悩んだりせず、助けを求めましょう。Arduinoの良いところの1つは、そのコミュニティです。あなたが問題をうまく説明できるなら、きっと誰かが助けてくれます。

　疑問を持ったときはサーチエンジンにカットアンドペーストして他の人の議論を読む習慣を付けましょう。たとえば、Arduino IDEが意地悪なエラーを吐き出したら、それをGoogleにペーストして表示されるページを読んでみます。書きかけのコードをそうやって調べることもできます。あらゆることがすでに発見されていて、どこかのウェブページに保存されています。

　もっと深く調べたいときは、www.arduino.ccのFAQ（www.arduino.cc/en/Main/FAQ）からスタートして、wikiベースのユーザ参加型ドキュメンテーションであるplayground（www.arduino.cc/playground）へ進むといいでしょう。オープンソース哲学が結実したこの空間には、Arduinoで可能なあらゆることに関する資料が寄稿されています。作品を作りはじめる前にplaygroundを検索すれば、出発点となるコードや回路図が手に入るはずです。

　それでもまだ答が見つからないようなら、フォーラム（www.arduino.cc/cgi-bin/yabb2/YaBB.pl）に質問を投稿してみましょう。適切なエリアと言語を選んで、なるべく詳しく説明してください。

- ➤ どのArduinoボードを使っているか。
- ➤ どのOSでArduino IDEを実行しているか。
- ➤ あなたがやろうとしていることの概略。
- ➤ 特殊な部品を使っているときはそのデータシートへのリンク。

　筋道立てて質問することができれば、役立つ答えがいくつももらえるはずです。

　さらに次のような点に注意すれば、良い議論に発展する可能性が増します（これはArduinoに限らず、オンラインの議論全般に通用することです）。

- ➤ メッセージをすべて大文字でタイプするのはやめる（他の人をいらだたせるだけです）。
- ➤ フォーラムのあちこちに同じメッセージを投稿しない。
- ➤ 返事がないからといって文句を言わず、まず自分の質問を見直すこと（説明が足りているか、表題は明快か、礼儀正しいか）。
- ➤ 「Arduinoでスペースシャトルを作りたいのですがどうすればいいですか？」というような質問は避ける（作ろうとしているものを説明してから、的を絞って質問しましょう）。
- ➤ 宿題を人にやらせるような類の質問はしない（先生も読んでいるかもしれません）。

[付録A] ブレッドボード

Appendix A / The Breadboard

電子回路を開発する過程では、正しく動くまで何度も変更を加える必要があります。繰り返し手を加えることで、アイデアを形にし、デザインを磨いていきます。より安定して動く、部品数の少ない設計も繰り返しの過程から見つかることでしょう。それはスケッチを描くのに似たプロセスです。

速く安全に部品のつながりを変更できる機材があると理想的です。ハンダ付けは信頼性の点で優れているのですが、作業に時間がかかります。

この課題に対する解答のひとつはソルダーレスブレッドボードあるいはたんにブレッドボードと呼ばれるデバイスでしょう。ブレッドボードは穴がたくさん開いた小さな板で、1つ1つの穴の下にはバネ式の接点が入っています（図A-1）。部品の足をこの穴に押し込むと、同じ列の他の穴と電気的な接続が確立されます。

穴と穴の間隔は2.54mmです。これは電子部品のピンの標準的な間隔と同じで、複数の足を持つICチップもうまくフィットします。ブレッドボード上の接点はすべて同じ役割でしょうか？一番上と一番下の列（赤と青の色分け、または＋と－の印があるかもしれません）は水平方向に全部がつながっていて、ボードに電力を供給するために使われます。

一部のブレッドボードは両端の長いレールが真ん中で途切れています。端から端までつながっている電源ラインとして使いたい場合は、短いジャンパで途中を連結する必要があります。

ユーザーはジャンパと呼ばれる短い電線で2点間を接続しながら回路を組み立てていきます。コンデンサや抵抗器のように長いリード線が出ている部品は、リード線を折り曲げて離れた2点に差し込むことができます。ブレッドボードの真ん中にある隙間も重要な意味を持っていて、その間隔は小型のICチップの幅と同じになっています。この隙間をまたぐようにチップを挿せば、ショートさせることなく、チップの両側に回路を組むことができます。賢い仕組みですね。

123

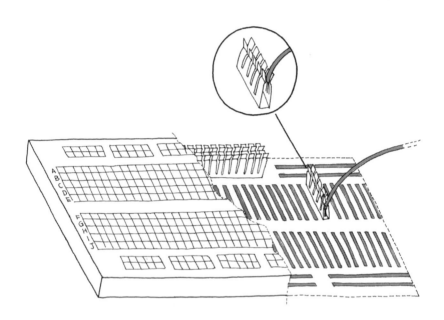

図A-1 ブレッドボード

［付録B］ 抵抗器とコンデンサの値の読み方
AppendixB / Reading Resistors and Capacitors

　電子部品を使うためには、その部品を見て仕様を読み取る能力が必要です。初心者にとって
は難関となるかもしれません。

　お店で売られている抵抗器は円筒状のボディから2本の足が突き出ていて、おかしな色のマー
キングがされています。商品としての抵抗器が最初に作られたとき、ボディが小さすぎて数字を印
刷することができなかったため、頭のいい技術者が色分けされた帯をプリントすることで抵抗値を
表現することにしたのです。

　今日の初心者もこの色分けを理解する必要があります。仕組みは簡単で、通常は4本の帯1
本1本が数字を表していて、そのうちの1本はたいてい精度を表す金色になっています（銀色の
場合もあります）。抵抗値を読むときは、金色の帯が右端に来るように持ち、左から順番に色を
数字に換えていきます。

　次の表は色と数字の対応をまとめたものです。

色	値
黒	0
茶	1
赤	2
オレンジ	3
黄	4
緑	5
青	6
紫	7
灰	8
白	9
銀	10%
金	5%

　たとえば、茶、黒、オレンジ、金という並びだとしたら、103±5%と読めます。でも、これではまだ
意味がわかりませんね。実は3本目の帯がゼロの数を表しています。103ならば、10の後ろにゼロ
が3個ついている、と考えてください。つまり、10000Ω（オーム）±5%の抵抗器という意味です。

　ギークは短縮形を好むので、キロオーム、メガオームという単位をよく使い、10,000オームなら
ば10KΩ、10,000,000オームなら10MΩと表記します。回路図のなかではさらに短縮して、
4.7キロオームを4k7と書くこともあります [†]。

[†]　訳注：本書では使わない表記ですが、お店で買った抵抗器の袋にこの形式で印刷されていることがあります。

125

コンデンサ (キャパシタ) の値の読み方はもう少し簡単です。電解コンデンサのような樽型の部品は、値がそのまま印刷されています。コンデンサの値の単位はファラド (F) で、あなたがよく使うコンデンサはマイクロファラド (μF) 単位で測れるものでしょう。ラベルに100μFと書いてあったら、そのまま100マイクロファラドと読みます。

セラミックコンデンサのような円盤形のコンデンサの場合は、μのような単位の記号は印刷されていません。かわりに、ピコファラド (pF) 単位の値が3桁の数字で示されます。1,000,000pFが1μFです。この3桁の数字の読み方は抵抗に似ていて、3桁目の数字が1～2桁目の数字の後ろに並ぶゼロの数を表しています。ただし、ゼロの数をそのまま表すのは3桁目が0～5のときだけで、8の場合は最初の2桁を0.01倍、9の場合は0.1倍にします。6と7は使われません。

例を挙げましょう。104と印刷されていたら100,000pF、つまり0.1μFです。229ならば2.2pFとなります。

単位の話の最後に、エレクトロニクス分野でよく使われる、大きさを表す用語 (接頭語) を整理しておきます[†]。

接頭語	値	例
M (メガ)	$10^{\wedge 6}$ = 1,000,000	1,200,000 Ω = 1.2 MΩ
K (キロ)	$10^{\wedge 3}$ = 1,000	470,000 Ω = 470 KΩ
m (ミリ)	$10^{\wedge -3}$ = 0.001	0.01 A = 10 mA
μ (マイクロ)	$10^{\wedge -6}$ = 0.000001	4.7mA = 4700 μA
n (ナノ)	$10^{\wedge -9}$	10 μF = 10,000nF
p (ピコ)	$10^{\wedge -12}$	1 μF = 1,000,000pF

[†]　訳注:英語圏の資料では、Ωやμの代わりに、ohmとuが使われることがあり、Arduino関連のドキュメントでもよく登場します。10uFは10μFと同じです。

[付録C] 回路図の読み方
Appendix C / Reading Schematic Diagrams

　本書には回路の組み立て方を説明するために細部まで描かれたイラストレーションが載っていますが、自分の作品の資料を作るときにもこのような絵を書いていたら大変です。

　どんな分野でも、遅かれ早かれ同じような問題に遭遇します。たとえば音楽の場合は、楽譜が書けないと、せっかくいい音楽を作っても残すことができません。

　実用第一なエレクトロニクス技術者は、資料化して再利用するために、あるいは、他者に渡して見てもらうために、回路の要点を捉える手っ取り早い方法を開発しました。

　回路図を使えば、コミュニティ全体が理解できる形で回路を記述できます。回路図上の個々の部品は外形や機能を抽象化したシンボルで表わされます。たとえば、コンデンサは（単純化すると）向かい合う2枚の金属板でできているので、次のようなシンボルになっています。

別のわかりやすい例がインダクタ（コイル）でしょう。円筒形の物体に銅線が巻かれています。

部品同士をつなぐ電線やプリント基板上の配線は単純な線で表されます。2本の配線が接続されているときは、大きめの点が十字の上に置かれます。

127

基本的な回路図を理解する上で必要となるシンボルとその意味をまとめておきます。

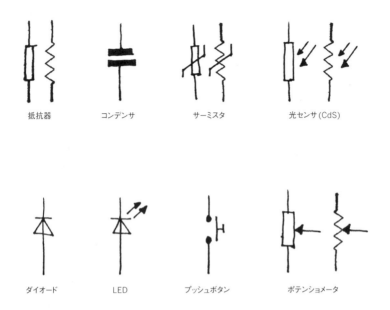

あなたはこれらのシンボルの変化形に出会うかもしれません。たとえば、上に示したように、抵抗器には2種類のシンボルがあります。en.wikipedia.org/wiki/Electronic_symbol（日本語版は ja.wikipedia.org/wiki/ 電気部品図記号）を見ると、より詳細なリストがあります。

回路図は左から右へ描かれるのが慣例です。たとえば、ラジオの回路図は、左端のアンテナから右端のスピーカへ信号の通り道を追うように描かれるでしょう。

次の回路図はこの本で作例として示したプッシュボタン回路を記述したものです。

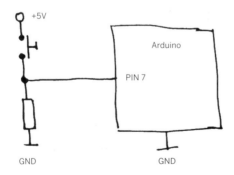

128　　Arduinoをはじめよう｜付録C 回路図の読み方

この図の Arduino は簡略化され、ただの箱として描かれています。この回路で使われない7番以外の入出力ピンも省略されています。GND が2カ所にあり、離ればなれになっていますが、実際の回路ではつながっています。図上の GND はすべて Arduino ボードの GND ピンにつながっていると解釈してください。

Arduino
公式リファレンス

Arduino Reference

このドキュメントは Arduino 開発チームにより執筆されている「Arduino Reference」
（arduino.cc/en/Reference/HomePage）を、クリエイティブ・コモンズ・ライセンス（表
示 — 継承）の下で日本語訳したものです。オンライン版は www.musashinodenpa.
com/arduino/ref で公開されています。

Arduino
公式リファレンス
目次

Arduino 言語 ················· **135**
　setup() ··················· 135
　loop() ···················· 135
制御文 ······················· 136
　if ························· 136
　if else ···················· 137
　switch case ··············· 138
　for ······················ 138
　while ····················· 139
　do while ·················· 140
　break ···················· 140
　continue ················· 140
　return ··················· 141
　goto ····················· 142
基本的な文法 ················ 142
　;(セミコロン) ·············· 142
　{}(波カッコ) ··············· 143
　コメント ·················· 144
　#define ·················· 145
　#include ················· 145
算術演算子 ·················· 146
　+ - * / ··················· 146
　%(剰余) ··················· 147
　=(代入) ··················· 148
比較演算子 ·················· 148
　== != < > <= >= ········· 148
ブール演算子 ················ 148
　&&(論理積) ··············· 148
　||(論理和) ················ 149
　!(否定) ··················· 149
ビット演算子 ················ 149
　&(AND) ·················· 149
　|(OR) ···················· 150
　^(XOR) ·················· 152

　~(NOT) ·················· 152
　<<(左シフト) >>(右シフト)········· 153
　ポート操作 ················ 154
複合演算子 ·················· 158
　++(加算) --(減算) ········· 158
　+= -= *= /= ············· 158
　&=(AND) ················· 159
　|=(OR) ··················· 159
データ型 ···················· 160
　boolean ·················· 160
　char ····················· 160
　byte ····················· 161
　int(整数型) ··············· 161
　unsigned int(符号なし整数型)······· 162
　long(long 整数型) ········· 162
　unsigned long(符号なしlong 整数型)
　　··················· 163
　float(浮動小数点型) ········ 163
　double(倍精度浮動小数点型)··· 164
　文字列 ··················· 164
　配列 ····················· 166
　void ····················· 167
String クラス ··············· 168
　string() ·················· 168
　string クラスの関数 ·················· 169
　string クラスの演算子 ················· 171
定数 ························· 172
　true/false(論理レベルを定義する定数)
　　··················· 172
　HIGH/LOW(ピンのレベルを定義する定数)
　　··················· 172
　INPUT_PULLUP/(デジタルピンを定義する
　　定数)··············· 173
　整数の定数 ··············· 173

132　　Arduinoをはじめよう ｜ Arduino公式リファレンス 目次

浮動小数点数の定数 ················ 174	pow() ······························ 197
変数の応用 ·························· 175	sqrt() ······························ 197
変数のスコープ ···················· 175	三角関数 ····························· 198
static ····························· 175	sin() ······························· 198
volatile ····························· 177	cos() ······························ 198
const ····························· 177	tan() ······························ 198
PROGMEM ························· 178	乱数に関する関数 ···················· 199
F()マクロ ··························· 180	randomSeed() ···················· 199
sizeof ····························· 181	random() ························· 200
デジタル入出力関数 ··················· 182	外部割り込み ························· 201
pinMode() ························· 182	attachInterrupt() ················· 201
digitalWrite() ···················· 183	detachInterrupt() ················· 202
digitalRead() ···················· 183	割り込み ····························· 203
アナログ入出力関数 ··················· 184	interrupts() ······················ 203
analogRead() ···················· 184	noInterrupts() ···················· 203
analogWrite() ···················· 185	シリアル通信 ························· 204
analogReference() ·················· 186	Serial.begin() ···················· 204
その他の入出力関数 ··················· 187	Serial.end() ······················ 205
tone() ····························· 187	Serial.available() ················· 205
noTone() ························· 188	Serial.read() ······················ 206
shiftOut() ························· 188	Serial.flush() ···················· 206
shiftIn() ··························· 190	Serial.print() ····················· 206
pulseIn() ··························· 190	Serial.println() ··················· 208
時間に関する関数 ···················· 191	Serial.write() ····················· 209
millis() ····························· 191	SerialEvent() ····················· 210
micros() ··························· 192	
delay() ··························· 193	**ライブラリ** ························ **211**
delayMicroseconds() ·············· 193	ライブラリの使い方 ··················· 211
数学的な関数 ························· 194	EEPROM ··························· 211
min() ····························· 194	EEPROM.read() ··················· 211
max() ····························· 195	EEPROM.write() ··················· 212
abs() ····························· 195	SoftwareSeral ····················· 213
constrain() ························· 195	ソフトウェア・シリアルのサンプルコード ··· 213
map() ····························· 196	SoftwareSerial() ··················· 214

133

SoftwareSerial: begin()	214
SoftwareSerial: available()	215
SoftwareSerial: isListening()	215
SoftwareSerial: overflow()	215
SoftwareSerial: read()	215
SoftwareSerial: print()	216
SoftwareSerial: println()	216
SoftwareSerial: listen()	216
SoftwareSerial: write()	217
Stepper	217
Stepperライブラリのサンプルコード	217
Stepper()	218
Stepper: setSpeed()	219
Stepper: step()	219
Wire	219
Wire.begin()	220
Wire.requestFrom()	220
Wire.beginTransmission()	221
Wire.endTransmission()	221
Wire.write()	221
Wire.available()	222
Wire.read()	223
Wire.onReceive()	223
Wire.onRequest()	224
SPI	224
SPI.begin()	226
SPI.end()	226
SPI.setBitOrder()	226
SPI.setClockDivider()	227
SPI.setDataMode()	227
SPI.transfer()	227
Servo	228
attach()	228
write()	228

writeMicroseconds()	229
read()	229
attached()	230
detach()	230
Firmata	230
LiquidCrystal	233
LiquidCrystal()	233
begin()	234
clear()	234
home()	234
setCursor()	235
write()	235
print()	235
createChar	236

Arduino言語

Arduino言語はC/C++をベースにしており、C言語のすべての構造と、いくつかのC++の機能をサポートしています。また、AVR Libcにリンクされていて、その関数を利用できます。

➜ setup()

setup()はArduinoボードの電源を入れたときやリセットしたときに、一度だけ実行されます。変数やピンモードの初期化、ライブラリの準備などに使ってください。setup()は省略できません。

[**例**] シリアル通信とピンモードを初期化する例です。

```
int buttonPin = 3;

void setup() {
  beginSerial(9600);
  pinMode(buttonPin, INPUT);
}

void loop() {
  // 実行したいプログラム
}
```

➜ loop()

setup()で初期値を設定したら、loop()に実行したいプログラムを書きます。そのプログラムによってArduinoボードの動きをコントロールします。loopという名前のとおり、この部分は繰り返し実行されます。loop()は省略できません。

[**例**] ピンの状態を読み取って、HIGHのときはH、そうでない場合はLをシリアルで送信します。

```
int buttonPin = 3;

// ピンとシリアル通信の初期化
void setup() {
```

135

```
  beginSerial(9600);
  pinMode(buttonPin, INPUT);
}


// buttonPinを繰り返しチェックして、
// その状態をシリアルで送信する
void loop() {
  if (digitalRead(buttonPin) == HIGH) {
    serialWrite('H');
  } else {
    serialWrite('L');
  }
  delay(1000);
}
```

制御文

....

→ if

if文は与えられた条件が満たされているかどうかをテストします。たとえば次のif文は、変数someVariableが50より大きいかをテストし、大きければ続く波カッコのなかの文を実行します。

```
if (someVariable > 50) {
  // 条件を満たしたとき実行される文
}
```

別の言い方をすると、カッコ内の条件がtrueのとき、波カッコ {}内の文が実行されます。
条件が満たされていない(trueでない)とき、波カッコ内の文は実行されず次の処理に移ります。
if文の後の波カッコは省略されることがあります。その場合はif文の次に置かれた1つの文だけが実行されます。以下の3つの書き方はどれも同じ動作です。

```
if (x > 120) digitalWrite(LEDpin, HIGH);

if (x > 120)
  digitalWrite(LEDpin, HIGH);

if (x > 120) { digitalWrite(LEDpin, HIGH); }
```

136   Arduinoをはじめよう | Arduino言語

カッコ内の条件式では、1つあるいは複数の演算子（オペレータ）が使われます。

[演算子の例]

    x == y   （xとyは等しい）
    x != y   （xとyは等しくない）
    x < y   （xはyより小さい）
    x > y   （xはyより大きい）
    x <= y   （xはy以下）
    x >= y   （xはy以上）

[注意] 2つの等号（==）を書くはずのところで、誤って1つだけ（=）を書かないようにしましょう。たとえば、xが10に等しいかをテストしたいときはx == 10と書きますが、そこでx = 10と書いてしまうと、xの値に関わらずその式はtrueと判断されてしまいます。

1つだけの=は、xにyを代入するという意味です。if文においてはそれだけでなく、代入した値が評価されます。つまり、x = 10は10であると見なされ、10はゼロではないので、trueと判断されます。

➡ if else

if else文を使うと複数のテストをまとめることができ、単体のifより高度な制御が可能となります。次の例は、アナログ入力の値が500より小さいときと、500以上のときに分けて、それぞれ別の動作を行うものです。

```
if (pinFiveInput < 500) {
  // 動作A
} else {
  // 動作B
}
```

elseに続けてifを書くことで、さらに複数のテストを書くことができます。

```
if (pinFiveInput < 500) {
  // 動作A
} else if (pinFiveInput >= 1000) {
  // 動作B
} else {
  // 動作C
}
```

137

trueとなるif文にぶつかるまで、テストは続きます。trueとなったif文の波カッコ内が実行されると、そのif else文全体が終了します。trueとなるif文がひとつもない場合は、(ifの付いていない)else文が実行されます。

else ifを使った分岐は好きなだけ繰り返して構いません。

似たことを実現する別の方法として、switch case文があります。

➜ switch case

switch case文はif文と同じようにプログラムの制御に使われ、場合分けの記述に適しています。switch()で指定された変数が、それぞれのcaseと一致するかテストされ、一致したcaseの文が実行されます。

[例] 変数varがテストしたい変数です。その値がどれかのcaseに一致すると、それに続く文が実行されます。default:は、どのcaseにも一致しなかったときに実行されます。処理が終わったら、breakを使ってswitch文から抜け出す必要があります。breakがないとそのまま続けて次のcaseが実行されてしまいます。

```
switch (var) {
  case 1:
    // varが1のとき実行される
    break;
  case 2:
    // varが2のとき実行される
    break;
  default:
    // どのcaseにも一致しなかったとき実行される (defaultは省略可能)
}
```

➜ for

for文は波カッコに囲まれたブロックを繰り返し実行します。さまざまな繰り返し処理に活用でき、データやピンの配列と組み合わせて使われることがあります。

for文のヘッダは3つの部分から成り立っています。

```
for (初期化; 条件式; 加算) {
  //実行される文;
}
```

138　　Arduinoをはじめよう | Arduino言語

まず初期化が一度だけ行われます。処理が繰り返されるたびに、条件式がテストされ、trueならば加算と波カッコ内の処理が実行されます。次に条件式がテストされたときにfalseならば、そこでループは終了します。

[**例**] LEDをぽわんぽわんと明滅させるサンプル。forループの中で、PWMのパラメータを0から255まで1ずつ上げている。

```
int PWMpin = 10; // LEDを10番ピンに1KΩの抵抗を直列にして接続

void setup() {
  // 初期化不要
}

void loop() {
  for (int i=0; i <= 255; i++){
    analogWrite(PWMpin, i);
    delay(10);
  }
}
```

➔ while

whileは繰り返しの処理に使います。カッコ内の式がfalseになるまで、処理は無限に繰り返されます。条件式で使われる変数は、whileループの中で、値を加えるとかセンサの値を読むといった処理により変化する必要があります。そうしないと、ループから抜け出すことができません。

[**構文**]
```
while(条件式){
  // 実行される文
}
```

[**例**] 単純な繰り返しの例です。

```
var = 0;
while(var < 200){
  // この部分が200回繰り返される
  var++;
}
```

139

➔ do while

do文はwhile文と同じ方法で使えますが、条件のテストがループの最後に行われる点が異なります。これは、do文の場合かならず1回はループ内の処理が実行されることを意味します。

[**構文**]
```
do {
  // 実行される文
} while (条件式);
```

[**例**] センサからの値が100以上になるまで待ちます。

```
do {
  delay(50); // センサが安定するまで停止
  x = readSensors();
} while (x < 100);
```

➔ break

break文はfor、while、doなどのループから、通常の条件判定をバイパスして抜け出すときに使います。switch文においても使用されます。

[**例**] PWM出力を変化させるループの途中で、センサの値が閾値を超えたら処理を中断します。

```
for (x = 0; x <= 255; x++) {
  analogWrite(PWMpin, x);
  sens = analogRead(sensorPin);
  if (sens > threshold) {    // 閾値を超えたか？
    x = 0;
    break;
  }
  delay(50);
}
```

➔ continue

continue文は、for、while、doなどのループの途中で、処理をスキップしたいときに使います。ループは止めず、繰り返し条件の判定に移ります。

140　　Arduinoをはじめよう | Arduino言語

[**例**] 41から119までを除く範囲でPWMを変化させます。

```
for (x = 0; x <= 255; x++) {
  if (x > 40 && x < 120) {
    continue;
  }
  analogWrite(PWMpin, x);
  delay(50);
}
```

➔ return

関数の実行を中止して、呼び出し元の関数に処理を戻します。

[**構文**]
```
return;
return 値;
```

[**例**] センサからの読みが閾値を超えていたら1を、超えていなければ0を返す関数です。

```
int checkSensor() {
  if (analogRead(0) > 400) {
    return 1;
  } else {
    return 0;
  }
}
```

return文は「コメントアウト」を使わずに、コードの一部をテストしたいときにも便利です。

```
void loop(){
  // ブリリアントなアイデアをここで試す
  return;

  // ここはまだできあがっていないコード
  // このコードは実行されない
}
```

→ goto

プログラムの流れを、ラベルをつけたポイントへ移します。

[**構文**]

```
label:
goto label;  // ラベルの位置からプログラムの実行を続けます
```

[**TIPS**] Cプログラミングでgotoを使うことは薦められていません。C言語の本の著者のなかには、goto文はまったく不要であるとする人もいます。多くのプログラマがgotoの使用に対して眉をひそめるのは、流れが読み取れないプログラムになりがちだからです。そうしたプログラムはデバッグできません。

しかし、分別ある使い方をするならば、gotoはプログラムを扱いやすくシンプルにしてくれます。たとえば、深くネストしたループやブロックから、ある条件で抜け出したいときに有効です。

[**例**] 3重のforループからgotoを使って抜け出す例です。

```
for(byte r = 0; r < 255; r++){
  for(byte g = 255; g > -1; g--){
    for(byte b = 0; b < 255; b++){
      if (analogRead(0) > 250){ goto bailout;}
      // 処理
    }
  }
}
bailout:
```

基本的な文法

→ ; (セミコロン)

文末に用います。

[**例**]

```
int a = 13;
```

[**TIPS**] 文末のセミコロンを忘れると、コンパイラのエラーを引き起こします。そのときのエラーメッセージは、セミコロンの抜けを明確に示すかもしれませんが、セミコロンとは関係のないメッセージであることもあります。

一見筋の通らない不可解なエラーが発生したときは、まず最初に、コンパイラが示したエラーのすぐ近くでセミコロンを忘れていないかを確かめましょう。

➲ **{ }**（波カッコ）

波カッコ（ブレース）はC言語プログラミングの重要な要素です。波カッコは下に示すように、複数の異なった状況で使われ、ときに初心者を混乱させます。

開きカッコ「{」は、つねに閉じカッコ「}」を伴います。これを「カッコがバランスしている」といいます。Arduino IDE（統合開発環境）は波カッコのバランスをチェックする便利な機能を持っていて、ある波カッコをクリックすると、対になる波カッコがハイライト表示されます。ただし、現在この機能にはバグがあり、コメントアウトされたテキストのなかの波カッコを見つけてしまうことがあります。

プログラミングの初心者や、BASICから移ってきた人は、波カッコを使うとき、混乱したり、苦手に思ったりするかもしれません。そういうときは、波カッコをサブルーチンのなかのreturn文や、if文におけるendif、あるいはforループにおけるnextと同じだと考えるといいかもしれません。

波カッコの使い方はさまざまです。波カッコを必要とするプログラムを書くとき、開きカッコ{を入力したら、すぐ閉じカッコ}も入力するようにするのは良い習慣です。先に波カッコを置いてから、その間に文や改行を入力していきます。こうすることで、いつもバランスが取れた状態でいられます。大きなプログラムにおけるアンバランスな波カッコは、解けない暗号のように不可解なコンパイルエラーを引き起こします。波カッコにはさまざまな使い方があると同時に、いくつかの文ではきわめて重要なので、ほんの数行位置が違っただけで、そのプログラムの意味するところが劇的に変化してしまうことがあります。

[**波カッコのおもな使用例**]
関数

```
void myfunction(引数) {
  文
}
```

ループ

```
while (式) {
  文
}

do {
```

143

```
    文
} while (式);

for (初期化; 式; 加算) {
    文
}
```

条件分岐

```
if (式) {
    文
}

else if (式) {
    文1
} else {
    文2
}
```

→ コメント

コメントを書く目的は、プログラムの働きを自分が理解したり、思い出したりするのを助けるためです。
また、他の人に、それを伝えるためでもあります。
コメントはコンパイラから無視され、コンピュータに出力されることはないので、チップ上のメモリを
消費しません。

[**例**] コメントを記述する方法は // と /* ... */ の2通りあります。

```
x = 5;   // 1行コメント。2つのスラッシュの後ろはすべてコメント

/* こちらは複数行コメント
ブロックをコメントアウトしたいときに使用
  if (gwb == 0) {   // 複数行コメントのなかの1行コメントはOK
  x = 3;            // しかし、ここに複数行コメントは不可
}
ここまでが複数行コメント */
```

➲ #define

#defineはC言語の便利な機能です。プログラム中の定数に対して名前を付けることができます。#defineで定義された定数は、コンパイル時に値へと置き換えられ、チップ上のメモリ（RAM）を消費しません。

なお、定数を定義する際は、#defineよりもconstキーワードを使いましょう。

Arduinoの#defineはC言語のそれと同じ構文です。

［構文］

```
#define 定数名 値
```

「#」を忘れないようにしてください。

［例］ この例では、コンパイル時にledPinと記述されている部分がすべて3という値に置き換えられます。

```
#define ledPin 3

void loop() {
  digitalWrite(ledPin, HIGH);
  delay(100);
  digitalWrite(ledPin, LOW);
  delay(100);
}
```

［補足］ #define文の後ろのセミコロン「;」は不要です。もし、付けてしまうと、コンパイラは暗号めいたエラーを表示するでしょう。

➲ #include

#includeは外部のライブラリ（あらかじめ用意された機能群）をあなたのスケッチに取り入れたいときに使います。この機能によりプログラマはC言語の豊富な標準ライブラリやArduino専用に書かれたライブラリを利用できます。

#includeも#defineと同様にセミコロンは不要です。

[**例**] この例では、RAMの代わりにFlashメモリにデータを保存するためのライブラリをインクルードしています。この方法により、動的な記憶に必要なRAMスペースが節約でき、ルックアップテーブルも実用的に使えるようになります。

```
#include <avr/pgmspace.h>

prog_uint16_t myConstants[] PROGMEM = {
  0,0,0,0,0,0,0,0,29810,8968,29762,29762,4500
};
```

算術演算子

⊃ + - * /

これらの演算子は、2つの値の加算、減算、乗算、除算の結果を返します。その動作はデータの型に従います。たとえば、9と4がint（整数）であるとき、9 / 4の答えは2となります。これは、それぞれのデータ型に許されている値より大きな結果が得られたときに、オーバーフローが生じることも意味します。たとえば、int型の32,767に1を足すと、-32,768となります。
異なる型を組み合わせたときは、大きい方の型にもとづいて計算されます。また、一方の型がfloatかdoubleのときは、浮動小数点演算が行われます。

[**構文**]
　答 = 値1 + 値2;
　答 = 値1 - 値2;
　答 = 値1 * 値2;
　答 = 値1 / 値2;

[**パラメータ**]
　値1：変数または定数
　値2：変数または定数

[**例**]

```
y = y + 3;
x = x - 7;
i = j * 6;
r = r / 5;
```

146　　Arduinoをはじめよう | Arduino言語

[TIPS]

• 通常、整数の定数は int 型なので、オーバーフローに注意してください。たとえば、60*1000 は -5536 となります。

• 計算の結果を格納するのに十分な大きさを持つ型を選択しましょう。

• 変数が「ひとまわり」するポイントを知っておいてください。また、正負を逆にしたときの動作にも注意してください。たとえば、(0 - 1) や (0 - -32768) など。

• 分数が必要なときは、浮動小数点型の変数を使いますが、メモリサイズが大きく計算が遅いという欠点があります。

• キャスト演算子を使って、(int)myFloat のようにすると、その場で変数の型を変更できます。

算術演算子

➜ % (剰余)

整数の割り算を行ったときの余りを返します。

[構文]

    答 = 値1 % 値2;

[パラメータ]

    値1：変数または定数
    値2：変数または定数

[例]

```
x = 7 % 5;    // xは2に
x = 9 % 5;    // xは4に
x = 5 % 5;    // xは0に
x = 4 % 5;    // xは4に
```

剰余演算子は配列の要素を循環的に使いたいときに便利です。次の例は、配列の要素を1つずつ更新します。10個目を更新したら、最初の要素へ戻ります。

```
int values[10];
int i = 0;

void setup() {}

void loop() {
  values[i] = analogRead(0);
  i = (i + 1) % 10;    // 剰余演算子を使ってインデックスを計算
}
```

[TIPS] 剰余演算子は浮動小数点（float）の値に対しては機能しません。

➔ =（代入）

等号（=）の右側の値を、左側の変数に格納します。
C言語では、1つの等号を代入演算子と呼びます。その意味は数学で習う「等しい」とは異なります。
代入演算子は等号の右側の式や値を評価して、左側の変数に格納するよう、マイコンに伝えます。

[例] 整数を代入する例です。

```
int sensVal;              //  変数をsensValという名で宣言
sensVal = analogRead(0); // アナログピン0の値をsensValに格納
```

[TIPS] 等号（=）の左側の変数は値を記憶できる必要があります。値を記憶できるだけの大きさ
がない場合、記憶された値は間違ったものになります。
代入演算子（=）と2つの値をくらべるときに使う比較演算子（==）を混同しないようにしましょう。

比較演算子

➔ == != < > <= >=

if文の項を参照。

ブール演算子

➔ &&（論理積）

2つの値がどちらもtrueのときtrueとなる。

[例] 2つの入力ピンがどちらもHIGHのとき実行されます。

148　　Arduinoをはじめよう | Arduino言語

```
if (digitalRead(2) == HIGH  && digitalRead(3) == HIGH) {
    // 実行されるコード
}
```

→ || （論理和）

2つの値のどちらか一方でもtrueならばtrueとなる。

[**例**] xかyのどちらか一方でも0より大きければ実行されます。

```
if (x > 0 || y > 0) {
    // 実行されるコード
}
```

→ ! （否定）

値がfalseならばtrueを、trueならばfalseを返す。

[**例**] xがfalseのとき実行されます。

```
if (!x) {
    // 実行されるコード
}
```

ビット演算子

ビット演算子は変数をビットのレベルで計算するためのものです。ビット演算子によって、広範囲なプログラミング上の問題を解決することができます。

→ & （AND）

AND（論理積）演算子&は、2つの整数の間で使われます。AND演算子は値の各ビットに対して個別に、次のようなルールで計算を行います。

比較演算子

ブール演算子

ビット演算子

149

どちらのビットも1なら1
そうでないならば0

```
0  0  1  1  値1
0  1  0  1  値2
----------
0  0  0  1  (値1 & 値2) の結果
```

Arduinoのint型は16ビットの値なので、2つのint型の値に対してAND演算を行うと、16回のAND演算が同じように繰り返されることになります。

```
int a =  92;    // 二進数の0000000001011100
int b = 101;    // 二進数の0000000001100101
int c = a & b;  // 計算結果0000000001000100 (十進数の68)
```

aとbの16ビットそれぞれに対してAND演算が行われ、その結果がcに入ります。結果を二進数で表記すると0000000001000100で、十進数では68です。
ある整数から特定のビットを選択することが、AND演算の一般的な使い方の1つです。これをマスキング(マスクする)といいます。OR演算子の項にマスクの例があります。

➜ | (OR)

OR(論理和)演算子 | は2つの整数の間で使われます。OR演算子は値の各ビットに対して個別に、次のようなルールで計算を行います。

どちらのビットも1なら1
どちらか一方が1のときも1
どちらも0のときは0

```
0  0  1  1  値1
0  1  0  1  値2
----------
0  1  1  1  (値1 | 値2) の結果
```

```
int a =  92;    // 二進数の0000000001011100
int b = 101;    // 二進数の0000000001100101
int c = a | b;  // 計算結果0000000001111101 (十進数の125)
```

[例] ビット演算子ANDとORは、ポートに対するRead-Modify-Writeと呼ばれる処理によく使われます。マイクロコントローラのポートはピンの状態を示す8ビットの数値で表されます。ポートに対して（数値を）書き込むことで、それらのピンを一度にコントロールできます。

PORTDはデジタルピン0～7の出力の状態を参照するための組み込み定数です。あるビットが1だとすると、そのピンはHIGHです（そのピンはあらかじめpinModeでOUTPUTに設定されている必要があります）。さて、試しにPORTD = B10001100と書き込んでみましょう。ピン2、3、7がHIGHになりましたが、ここで1つひっかかることがあります。この処理によって、Arduinoがシリアル通信に使うピン0と1の状態まで変えてしまったかもしれません。そうすると、シリアル通信に悪影響が出ます。

[アルゴリズム]

- PORTDの状態を取得してコントロールしたいピンに一致するビットだけをクリア（AND演算子を使用）。
- 変更されたPORTDの値と新しい値を結びつける（OR演算子を使用）。

次の例では、6本のピンにつながったLEDに二進数の値を表示します。

```
int i;      // カウンタ
int j;
void setup(){
    // ピン2から7のdirection bitをセット
    // ただし、ピン0、1には触らない (xx | 00 == xx)
    // これはピン2～7にpinMode(pin, OUTPUT)をするのと同じ
    DDRD = DDRD | B11111100;

    Serial.begin(9600);
}

void loop(){
    for (i=0; i<64; i++){
        // ビット2～7をクリア
        // ただし、ピン0、1には触らない (xx & 11 == xx)
        PORTD = PORTD & B00000011;

        // ピン0、1を避けるため変数をピン2～7の位置へ左シフト
        j = (i << 2);

        // LEDがつながっているポートの値に、新しい値を結びつける
        PORTD = PORTD | j;

        Serial.println(PORTD, BIN); // デバッグ用
        delay(100);
    }
```

ビット演算子

151

```
  }
```

→ ^ （XOR）

排他的論理和（EXCLUSIVE OR）、あるいはXORと呼ばれるちょっと便利な演算子があります
（XORは「エクスオア」と発音されます）。XORのシンボルは「^」です。
この演算子はOR（|）に似ていますが、計算対象のビットが両方1のときは0となる点が異なります。

```
0  0  1  1    値1
0  1  0  1    値2
----------
0  1  1  0    （値1 ^ 値2）の結果
```

違う見方をすると、XORは2つのビットが異なるときだけ1となり、同じ場合は0となる、と言えます。

```
int x = 12;     // 二進数の1100
int y = 10;     // 二進数の1010
int z = x ^ y;  // 二進数の0110（十進数の6）
```

XOR演算子はビットのトグル（0から1へ、1から0への変化）によく使われます。マスクビットが1
のときそのビットは反転し、0のときはそのままです。
次の例は、デジタルピン5をチカチカさせます。

```
void setup() {
  DDRD = DDRD | B00100000; // デジタルピン5をOUTPUTに
  Serial.begin(9600);
}

void loop() {
  PORTD = PORTD ^ B00100000;  // bit5（ピン5）だけ反転
  delay(100);
}
```

→ ~ （NOT）

NOT演算子「~」は、&や|と違って、右側の1つの値に対して働きます。NOT演算子は各ビッ
トを反対の値にします。0は1に、1は0になります。

152   Arduinoをはじめよう | Arduino言語

```
0  1    値1
-------
1  0    ~値1
```

```
int a = 103;    // 二進数で0000000001100111
int b = ~a;     // 二進数で1111111110011000（十進数の -104）
```

演算の結果、-104という負の数が現れたことに驚くかもしれません。これは整数の最上位ビット
が原因です。符号ビットとも言われるこのビットが1のとき、その数は負と解釈されます。
このような正負の値のエンコーディングは「2の補数」と呼ばれます。ちなみに、xが整数のとき、
~xは (-x - 1)と同じです。

➡ **<<**（左シフト）**>>**（右シフト）

2種類のビットシフト演算子があります。<<が左シフト、>>が右シフトです。演算子の右側の数だ
け、左側の値をシフトします。

[構文]
 値 << ビット数
 値 >> ビット数

値は、byte型、int型、long型などの整数。ビット数は32以下の整数です。

[例] 3ビットずつ左シフトと右シフトをする例です。

```
int a = 5;        // 二進数の0000000000000101
int b = a << 3;   // 二進数の0000000000101000（十進数の40）
int c = b >> 3;   // 二進数の0000000000000101（最初の値に戻った）
```

xをyビット分、左シフトするとき（x << y）、左寄りのyビット分は失われます。

```
int a = 5;         // 二進数の0000000000000101
int b = a << 14;   // 二進数の0100000000000000（1が捨てられた）
```

左シフトは、シフトする回数分、値を2倍していると考えると覚えやすいでしょう。次の例は2のn乗
を表しています。

```
1 << 0  ==    1
1 << 1  ==    2
1 << 2  ==    4
1 << 3  ==    8
...
1 << 8  ==  256
1 << 9  ==  512
1 << 10 == 1024
...
```

最上位ビットが1の変数xを右シフトする場合、結果はxの型に依存します。xがint型のとき最上位ビットは符号ビットですが、深遠な歴史的経緯に基づき、その符号ビットが右側に向かってコピーされていきます。

```
int x = -16;      // 二進数の1111111111110000
int y = x >> 3;   // 二進数の1111111111111110
```

この符号拡張と呼ばれる挙動をあなたが望まず、かわりに、左から0がシフトして来るほうがいいと思うかもしれません。符号なし整数に対する右シフトではルールが異なります。型キャストを使うことで、符号拡張を取り消すことができます。

```
int x = -16;                   // 二進数の1111111111110000
int y = (unsigned int)x >> 3;  // 二進数の0001111111111110
```

注意深く符号拡張を無効にすることで、右シフトを2をn乗した数での割り算に使うことができます。

```
int x = 1000;
int y = x >> 3;   // 1000を8(2の3乗)で割っている。y=125となる
```

➲ ポート操作

ポート・レジスタを通じて、ArduinoボードのIOピンを高速かつ細部に至るまで操作できます。Arduinoボードで使われているマイコン(ATmega168/328P)は次の3つのポートを持っています。

ポートB (デジタルピン8から13)
ポートC (アナログピン)
ポートD (デジタルピン0から7)

各ポートは Arduino 言語で定義されている 3 つのレジスタでコントロールされます。レジスタ DDR
は、ピンが INPUT か OUTPUT かを決定します。PORT レジスタはピンの HIGH / LOW を制御し、
PIN レジスタで INPUT ピンの状態を読み取ります。
レジスタの各ビットは 1 本のピンに対応づけられています。たとえば、DDRB、PORTB、PINB の最
下位ビットは、PB0（デジタルピン 8）です。

DDR と PORT レジスタは読み書き両方が可能です。PIN レジスタは読み取り専用です。
以下はレジスタを表す変数の名前のリストです。

DDRD: 　ポート D 方向レジスタ
PORTD: 　ポート D データレジスタ
PIND: 　ポート D 入力レジスタ (読み取り専用)

DDRB: 　ポート B 方向レジスタ
PORTB: 　ポート B データレジスタ
PINB: 　ポート B 入力レジスタ (読み取り専用)

DDRC: 　ポート C 方向レジスタ
PORTC: 　ポート C データレジスタ
PINC: 　ポート C 入力レジスタ (読み取り専用)

PORTB は Arduino ボードのデジタルピン 8 から 13 の 6 本に割り当てられています。上位 2 ビット
(6 と 7) には水晶発振器が接続されているので使用できません。
PORTC は Arduino ボードのアナログ 0 から 5 です。6 と 7 のピンは (QFP タイプの ATmega168
を使っている) Arduino Mini でのみアクセス可能です。

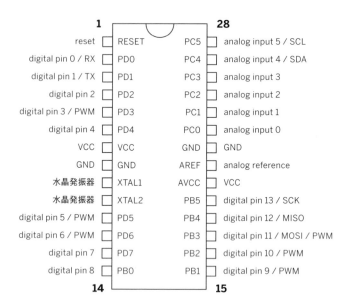

図II-1 ATmega168/328Pのピン配置

[例] ポートDのレジスタは、デジタルピン0～7をコントロールします。
注意が必要なのは、ピン0と1は、Arduinoにプログラムを書き込んだり、デバッグするために使われている点です。スケッチの実行中にこれらのピンを変更してしまうと、シリアルの入出力ができなくなりますので、気を付けてください。
DDRDはポートDの方向レジスタです。このレジスタの各ビットはポートDの各ピンが入力と出力のどちらに使用されるかを決定します。

```
DDRD = B11111110;  // ピン1～7を出力、ピン0は入力

// より安全な方法： RXとTX（ピン0と1）は変更せず、2～7を出力に設定
DDRD = DDRD | B11111100;
```

PORTDは出力の状態を設定するレジスタです。

```
PORTD = B10101000; // デジタルピン7、5、3をHIGHに
```

DDRDかpinMode命令によってピンが出力に設定されているとき、上の例のようにすると、指定されたピンだけに5Vが生じます。

PINDは入力レジスタです。すべてのピンのデジタル入力を同時に読み取ることができます。

[**補足**] なぜ、ポート操作を使うのでしょうか？

一般的に、このやり方はあまりいいアイデアとは言えません。なぜ良くないか、いくつかの理由があります。

- コードのデバッグやメンテナンスがずっと難しくなります。また、他の人が理解しにくくなるでしょう。数マイクロ秒の実行時間を節約したために、うまく動かなかったときには数時間が必要になるかもしれません。あなたの時間は貴重ですよね？　一方、コンピュータの時間はチープです。普通は、わかりやすいコードを書く方がいいのです。
- 移植しにくいコードになります。digitalReadとdigitalWriteを使ってコードを書けば、他のAtmelのマイコンすべてで動くようにすることも容易です。
- ポートに直接アクセスすると、不意のトラブルが発生しやすくなります。DDRD ＝ B11111110というコードはどうでしょう。ピン0はシリアル通信の受信ライン（RX）であり、入力でなくてはなりません。うっかり、このピンを出力に設定してしまうと、シリアル通信が突然使えなくなり、あなたはとても混乱することでしょう。

それでもポートに直接アクセスしたいと思う人がいるのは、ポジティブな側面もあるからです。

- プログラムメモリが少ないとき、このトリックを使ってコードを小さくすることができます。ループを使って個々のピンをセットするのに比べて、レジスタを使うとコンパイル後のコードがかなり小さくなります。場合によっては、あなたのプログラムがFlashメモリに収まるか収まらないかを決める要因になるでしょう。
- 複数のピンを同時にセットしたいときがあるかもしれません。

```
digitalWrite(10,HIGH);
digitalWrite(11,HIGH);
```

このプログラムでは、ピン10がHIGHになってからピン11がHIGHになるまで、数マイクロ秒の間が空くはずです。これでは、時間に敏感な外部回路を接続している場合に困ります。代わりに、PORTB |= B1100;とすれば、両方のピンが完全に同じタイミングでHIGHになります。
- 1マイクロ秒未満の速さでピンをオンオフする必要が生じるかもしれません。ソースファイル、lib/targets/arduino/wiring.cを見ると、digitalRead()やdigitalWrite()は10行以上のコードからなっていて、コンパイルすると少なからぬ量のマシン語になります。各マシン語は16MHzのクロックの1サイクルを消費します。直接ポートにアクセスすることによって、より少ないクロックサイクルで同じ仕事をこなすことができます。

157

複合演算子

➜ ++（加算）--（減算）

変数に対し1を加算（++）、減算（--）します。

［構文］

```
x++;    // xを返し、1を加えます
++x;    // 1を加えたxを返します
x--;    // xを返し、1を引きます
--x;    // 1を引いたxを返します
```

［例］演算子を変数の左右どちらに置くかで意味が変わります。

```
x = 2;
y = ++x;        // xは3、yも3になる
y = x--;        // xは2に戻り、yは3のまま
```

➜ += -= *= /=

演算と代入をまとめたものです。

［構文］

```
x += y;    // この式は、x = x + y;と同じです
x -= y;    // この式は、x = x - y;と同じです
x *= y;    // この式は、x = x * y;と同じです
x /= y;    // この式は、x = x / y;と同じです
```

［例］

```
x = 2;
x += 4;        // xは6
x -= 3;        // xは3
x *= 10;       // xは30
x /= 2;        // xは15
```

158   Arduinoをはじめよう ｜ Arduino言語

➲ &= （AND）

&=は変数の特定のビットを0にしたいときによく使われる演算子です。この処理は、ビットの「クリア」と表現されることがあります。

［構文］

```
x &= y;    // x = x & y;と同じ
```

x：char型、int型、long型の変数
y：整数型定数またはchar型、int型、long型の変数

［**例**］あるビットに対して0でAND（&）を実行すると、結果は0になります。

```
myByte &= B00000000; // myByteはB00000000に
```

1でのANDは、変化しません。

```
myByte &= B11111111; // myByteは変化しない
```

&=を使ったマスキングの例です。

```
byte a = B10110101;
a &= B11111100;           // このB11111100がマスクパターン
Serial.println(a, BIN); // 結果はB10110100
```

➲ |= （OR）

|=は変数の特定のビットを「セット」（1にすること）したいときによく使われます。

［構文］

```
x |= y;    // x = x | y;と同じ
```

x：char型、int型、long型の変数
y：整数型定数または char型、int型、long型の変数

［**例**］下位2ビット（右端の2桁）をセットします。他のビットには触れません。

```
byte myByte = B10101010;
myByte |= B00000011;      // 結果はB10101011
```

159

データ型

➔ boolean

ブール型は true（真）か false（偽）どちらか一方の値を持ちます。

[**例**] スイッチで LED のオンオフを行います。

```
boolean running = false;

int LEDpin = 5;          // ピン5 LED
int switchPin = 13;      // ピン13 スイッチ (GNDに接続)

void setup() {
  pinMode(LEDpin, OUTPUT);
  pinMode(switchPin, INPUT);
  digitalWrite(switchPin, HIGH);   // プルアップ抵抗を有効
}

void loop() {
  if (digitalRead(switchPin) == LOW) {
    // LOWでスイッチオン (通常はプルアップによりHIGH)
    delay(100);                      // バウンシング対策
    running = !running;              // ブール変数でオンオフ切替
    digitalWrite(LEDpin, running)  // LED表示
  }
}
```

➔ char

1つの文字を記憶するために1バイトのメモリを消費する型です。文字は 'A' のように、シングルクオーテーションで囲って表記します（複数の文字＝文字列の場合はダブルクオーテーションを使い、"ABC" のようになります）。

文字は数値として記憶されます。これは、文字を計算の対象として扱えることを意味します。たとえば、ASCII コードにおける大文字の A は 65 なので、'A'+1 は 66 となります。文字から数値への変換については、Serial.print の項で、より詳しく説明されています。

char 型は符号付きの型（signed）で、-128 から 127 までの数値として扱われます。符号なし

160　　Arduinoをはじめよう | Arduino言語

(unsiged)の1バイトが必要なときは、byte型を使ってください。

[**例**]

```
char myChar = 'A';
```

→ byte

byte型は0から255までの8bitの数値を格納します。符号なしのデータ型で、これは負の数値は扱えないという意味です。

[**例**] byte型として宣言し、18を代入しています。右辺のBは二進数を表しています（二進数の10010は十進数で18です）。

```
byte b = B10010;
```

→ int（整数型）

int型（整数型）は、数値の記憶にもっともよく使われる型です。Arduino Uno や Leonardo では2バイトを使って格納され、値の範囲は-32768から32767まで。32ビットマイコンを搭載するArduino Due では4バイトで格納され、値の範囲は-2,147,483,648から2,147,483,647までとなります。
int型は負の数を「2の補数」と呼ばれるテクニックで表現します。最上位のビットは符号ビットともいわれ、負の値であることを示すフラグです。残りのビットは反転してから1を加算します。
Arduinoが期待どおりの挙動をしてくれるので、負の数の取り扱いについて、ユーザが細部を気にする必要はありません。ただし、ビットシフト演算（>>）を使用してしまうと、やっかいな問題が生じるかもしれません。

[**例**]

```
int ledPin = 13;
```

[**TIPS**] 変数の値がその型の最大値を超えてしまうと、ひとまわりして、その型の最小値になってしまいます。これはどの向きにも起こります。

```
int x
x = -32768;
x = x - 1;   // このときxは32767となる。
```

161

```
x = 32767;
x = x + 1;   // このときの x は -32768。反対方向にひとまわり
```

→ unsigned int （符号なし整数）

unsigned int 型は、2 バイトの値を格納する点では int 型と同じですが、負の数が扱えず、0
から 65535 までの正の数だけを格納します。
符号付き整数型と符号なし整数型の違いは、最上位ビットの解釈の違いです。

［例］

```
unsigned int ledPin = 13;
```

[**TIPS**] int 型と同じで、unsigned int 型も変数の値がその型の最大値を超えてしまうと、ひ
とまわりします。

```
unsigned int x
x = 0;
x = x - 1;    // このとき x は 65535
x = x + 1;    // そこに1を足すと x は0
```

→ long （long 整数型）

long 型の変数は 32 ビット（4 バイト）に拡張されており、-2,147,483,648 から 2,147,483,647 ま
での数値を格納できます。

［例］LED がゆっくり点滅します。周期はおよそ5秒です（クロックが 16MHz の Arduino の場合）。

```
long counter = 0;
boolean led = false;

void setup() {
  pinMode(13, OUTPUT);        // ピン13のLEDを点滅
  digitalWrite(13, led);
}

void loop() {
  if(++counter == 1000000) { // 100万回に1回
```

```
    led = !led;                    // LEDを反転
    digitalWrite(13, led);
    counter = 0;
  }
}
```

➔ unsigned long （符号なしlong整数型）

unsigned long型の変数は32ビット（4バイト）の数値を格納します。通常のlong型と違い、
負の数は扱えません。値の範囲は0から4,294,967,295（2の32乗 - 1）です。

[例] millis()の値を格納するのに符号なしlong整数を使います。

```
unsigned long time;

void setup() {
  Serial.begin(9600);
}

void loop() {
  Serial.print("Time: ");
  time = millis();
  Serial.println(time);  // 起動からの時間を出力
  delay(1000);           // 大量のデータを送らないよう1秒停止
}
```

➔ float （浮動小数点型）

浮動小数点を持つ数値のためのデータ型です。つまり、小数が扱えます。整数よりも分解能が
高いアナログ的な値が必要なときに使います。使用可能な値の範囲は3.4028235E+38から
-3.4028235E+38までで、32ビット（4バイト）のサイズです。
浮動小数点数には誤差があるので、比較に用いるとおかしな結果になるかもしれません。かわり
に、差の絶対値が十分小さいことをチェックしたほうがいいでしょう。また、浮動小数点型の計
算は整数型にくらべてとても時間がかかります。タイミングが重要な処理で、速いループが必要
なときには使用しないほうがいいでしょう。

[例] 浮動小数点型の宣言です。

```
float myfloat;
```

163

```
float sensorCalbrate = 1.117;
```

整数型と浮動小数点型が混在する計算の例です。

```
int x, y;
float z;

x = 1;
y = x / 2;          // yは0(整数型は小数を保持できない)
z = (float)x / 2.0; // zは0.5(2ではなく、2.0で割っている)
```

● double（倍精度浮動小数点型）

Arduino Unoのdouble型はfloat型と同一の実装で、この型を使っても精度は向上しません。
double型を含むコードをArduinoへ移植する際は注意してください。

● 文字列（配列）

文字列（string）は2つの方法で表現できます。ここでは、char型の配列とヌル終端で表される従来型の文字列を説明します。arduino-0019以降でコアの一部となったもうひとつの方法については、Stringクラスの項を参照してください。

[**例**] 以下はどれも有効な文字列の宣言です。

```
char Str1[15];
char Str2[8] = {'a', 'r', 'd', 'u', 'i', 'n', 'o'};
char Str3[8] = {'a', 'r', 'd', 'u', 'i', 'n', 'o', '\0'};
char Str4[ ] = "arduino";
char Str5[8] = "arduino";
char Str6[15] = "arduino";
```

- Str1は初期化をしないchar型配列の宣言です。
- Str2は1文字分の余分な大きさを持つchar型の配列で、コンパイラはヌル文字を自動的に付加してくれます。
- Str3ではヌル文字を明示的に宣言しています。
- Str4はダブルクォーテーションマークで囲った文字列定数で初期化しています。コンパイラはちょうどいい大きさの配列を生成し、ヌル終端も付加します。
- Str5では配列の大きさを明示的に指定して宣言しています。
- Str6では余白を残して初期化しています。

164　　Arduinoをはじめよう | Arduino言語

一般的な文字列は最後の1文字がヌル文字（ASCIIコード0）になっていて、（Serial.print のような）関数に文字列の終端を知らせることができます。そうなっていなければ、メモリ空間上の文字列以外の部分まで、続けて読み込んでしまうでしょう。

ヌル終端があるということは、格納したい文字数よりも1文字分多くのメモリが必要であることを意味します。

文字列（string）は "Abc" のように、ダブルクォーテーションで囲って記述されます。文字（character）は 'a' のようにシングルクォーテーションです。

長い文字列を、次のように改行しながら記述することができます。

```
char myString[] = "This is the first line"
  " this is the second line"
  " etcetera";
```

液晶ディスプレイに大量の文章を表示するようなときは、文字列の配列を使うと便利です。文字列それ自体が配列なので、2次元配列となります。

以下のコードの、charの後についているアスタリスク（*）は、ポインタの配列であることを表します。つまり、配列の配列を作成しているわけです。

ポインタは、C言語のビギナーにとって、もっとも理解しがたい部分ですが、細部を理解していなくても、ここに示すような効果的な使い方ができます。

```
char* myStrings[]={
  "This is string 1",  "This is string 2",
  "This is string 3",  "This is string 4"
};

void setup(){
Serial.begin(9600);
}

void loop(){
for (int i = 0; i < 4; i++){
   Serial.println(myStrings[i]);
   delay(500);
   }
}
```

データ型

165

➔ 配列

配列（array）は変数の集まりで、インデックス番号（添え字）を使ってアクセスされます。Arduino
言語のベースになっているC言語の配列にはわかりにくいところもありますが、単純な配列ならば
比較的簡単に使えます。

配列の生成（宣言）

次の書き方はどれも配列を生成（宣言）する有効な方法です。

```
int myInts[6];
int myPins[] = {2, 4, 8, 3, 6};
int mySensVals[6] = {2, 4, -8, 3, 2};
char message[6] = "hello";
```

myIntsの例のように、初期化せずに配列を宣言することができます。

myPinsの例では、配列のサイズを明示せずに宣言しています。コンパイラは要素の数をカウント
して、必要なサイズの配列を生成します。

mySensValsの例は初期化とサイズの指定を行っています。char型の配列を宣言するときは、
ヌル文字を記憶するために1文字分余計に初期化する必要があります。

配列のアクセス

配列のインデックスはゼロから始まります。つまり、配列の最初の要素にアクセスするときのイン
デックスは0です。10個の要素があるとしたら、インデックス9の要素が最後の要素ということに
なります。

```
int myArray[10] = {9,3,2,4,3,2,7,8,9,11};
  // myArray[9]    この変数が持っているのは11（最後の要素）
  // myArray[10]   このindexは無効で、ランダムな値が返ります
```

配列にアクセスするときは、このゼロから始まるインデックスに注意が必要です。配列の終端を超
えてアクセスしてしまうと、他の目的で使用されているメモリを読んでしまいます（配列のサイズから1
を引いた値がインデックスの最大値です）。配列の範囲外であっても読み込みならば無効な値が得
られるだけで済みますが、そこにデータを書き込んでしまうと、プログラムが不具合を起こしたり、ク
ラッシュしたりといった不幸な事態が起こります。これはまた発見が難しいバグの原因にもなります。
いくつかのBASIC言語と違い、Cコンパイラは配列がアクセスされるときにインデックスが宣言され
た範囲に収まっているかどうかをチェックしません。

166　　Arduinoをはじめよう | Arduino言語

[**例**] 配列の要素に値を割り当てます。

```
mySensVals[0] = 10;
```

配列から値を読み取る例です。

```
x = mySensVals[4];
```

forループのなかでループカウンタをインデックスに使って配列を操作することがよくあります。た
とえば、配列の要素をシリアルポートに出力するときは、次のようにします。

```
int i;
for (i = 0; i < 5; i = i + 1) {
  Serial.println(myPins[i]);
}
```

➜ void

一般的なArduinoプログラミングにおいて、voidキーワードは関数の定義にだけ使われます。
voidはその関数を呼び出した側になんの情報も返さないことを示します。

[**例**] setup()とloop()での使用例。これらはどこにも情報を返しません。

```
void setup()
{
  // ...
}

void loop()
{
  // ...
}
```

167

String クラス

String クラスは文字を扱う配列型の文字列よりも複雑な連結、追加、置換、検索といった操作が可能です。そのかわり、配列型より多くのメモリを消費します。ダブルクォーテーションで囲まれた文字列定数はこれまでどおり配列として処理されます。

⊃ String()

String クラスのインスタンスを生成します。様々なデータ型から変換して、インスタンスを生成することができます。
数値からインスタンスを生成すると、その値（10進数）を ASCII 文字で表現したものになります。

```
String thisString = String(13)
```

こうすると "13" という文字列がインスタンスに与えられます。別の基数を用いることもできます。

```
String thisString = String(13, HEX)
```

16進数を指定すると "D" という文字列が与えられます。

```
String thisString = String(13, BIN)
```

2進数を指定したときの生成される文字列は "1011" です。

［**構文**］
```
String(val)
String(val, base)
```

［**パラメータ**］
　val：文字列に変換される値。従来型の文字列のほかに char、byte、int、long、unsigned int、unsigned long などの各型に対応している
　base（オプション）：基数

［**例**］以下の宣言はすべて有効です。

```
String stringOne = "Hello String";          // 文字列定数を使用
String stringOne =  String('a');            // 1文字
String stringTwo =  String("This is a string");
```

168　　Arduinoをはじめよう | Arduino言語

```
String stringOne = String(stringTwo + " with more");  // 連結
String stringOne = String(13);                  // 定数
String stringOne = String(analogRead(0), DEC);// 整数 (10進数 )
String stringOne = String(45, HEX);             // 整数 (16進数 )
String stringOne = String(255, BIN);            // 整数 (2進数 )
String stringOne = String(millis(), DEC);       // long型整数
```

➜ Stringクラスの関数

string.charAt(n)：文字列の先頭からn+1番目の文字を返します。

```
String s = "abcdefgh";
Serial.println(s.charAt(1));   // bと表示されます
```

string.compareTo(string2)：2つの文字列を比較します。ABC 順で見たとき、string2のほうが後ろに来るなら負の値、前に来るなら正の値を返します。インスタンスとstring2が一致するときは0を返します。

```
String s = "abc";
Serial.println(s.compareTo("abb"));   // 1と表示されます
Serial.println(s.compareTo("abd"));   // -1と表示されます
```

string.concat(string2)：文字列を連結します。stringの末尾にstring2が付け加えられます。

```
String s = "abcd";
s.concat("efgh");
Serial.println(s);   // abcdefghと表示されます
```

string.endsWith(string2)：stringの末尾が string2のとき trueを返し、そうでなければ falseを返します。

string.equals(string2)：2つの文字列を比較し、一致するとき trueを返し、そうでなければ falseを返します。大文字小文字を区別します。

string.equalsIgnoreCase(string2)：大文字小文字の区別をせず比較し、一致していれば trueを返し、そうでなければ falseを返します。helloとHELLOは一致するとみなされます。

string.getBytes(buf, len)：文字列をbyte型の配列 (buf) にコピーします。lenはbufのサイズです (int)。

string.indexOf(val, from)：文字列の中を先頭から検索し、見つかった場合はその位置を返します（1文字目が0です）。見つからなかったときは-1を返します。valは探したい文字（'a'）または文字列（"abc"）です。fromは検索を始める位置で、省略も可能です。

```
String s = "abcdefgh";
Serial.println(s.indexOf("fg"));  // 5と表示されます
```

string.lastIndexOf(val, from)：文字列の中を末尾から検索し、見つかった場合はその位置を返します。見つからなかったときは-1を返します。valは探したい文字（'a'）または文字列（"abc"）です。fromは検索を始める位置で、省略可能です。

```
String s = "abc_def_ghi_";
Serial.println(s.lastIndexOf('_', 10));  // 7と表示されます
```

string.length()：文字数を返します。

```
String s = "abcdefg";
Serial.println(s.length());  // 7と表示されます
```

string.replace(substring1, substring2)：置換します。substring1をsubstring2に置換した文字列を返します。

```
String s = "abcd";
Serial.println(s.replace("cd", "CD"));  // abCDと表示されます
```

string.setCharAt(index, c)：indexで指定した位置の文字をcに置き換えます。stringの長さより大きいindexを指定した場合はなにも変化しません。

```
String s = "abcdefg";
s.setCharAt(3, 'D');
Serial.println(s);  // abcDefgと表示されます
```

string.startsWith(string2)：stringの先頭がstring2のときtrueを返し、そうでなければfalseを返します。

string.substring(from, to)：文字列の一部を返します。toは省略可能で、fromだけが指定されているときは、from+1文字目から末尾までの文字列を返します。toも指定されているときは、末尾ではなくtoまでを返します。

```
String s = "abcdefgh";
Serial.println(s.substring(3));  // defghと表示されます
```

170　Arduinoをはじめよう | Arduino言語

```
Serial.println(s.substring(3, 6));   // defと表示されます
```

string.toCharArray(buf, len)：文字列をbyte型の配列 (buf) にコピーします。len
はbufのサイズです (int)。

string.toLowerCase()：大文字を小文字に変換します。もとの文字列は変化しません。

string.toUpperCase()：大文字を小文字に変換します。もとの文字列は変化しません。

string.trim()：先頭と末尾のスペースを取り除きます。

```
String s = "\n abcd \n";   // 前後に改行とスペースが入っています
String s2 = s.trim();
Serial.print("[");
Serial.print(s2);
Serial.println("]");   // [abcd]と表示されます
```

➋ Stringクラスの演算子

[]　要素へのアクセス：配列と同じように指定した文字にアクセスできます。

```
String s = "abcdef";
s[3] = 'D';
Serial.println(s);   // abcDefと表示されます
```

+　連結：文字列を連結します。string.concat()と同じ働きです。

```
String s1 = "abc";
String s2 = "def";
s1 += 123;
Serial.println(s1);        // abc123と表示されます
Serial.println(s1 + s2); // abc123defと表示されます
```

==　比較：2つの文字列を比較し、一致するときはtrueを、異なるときはfalseを返します。
string.equals()と同じ意味です。

171

定数

定数はプログラムのなかで値が変化しない変数と考えるといいでしょう。Arduino言語であらかじめ定義されている定数と、ユーザーが自分で定義して使う定数があります。おもにプログラムのメンテナンス性を高めるために使われます。

....

❷ true/false（論理レベルを定義する定数）

Arduino言語のベースとなっているC言語にはtrueとfalseという2つのブール定数があります。trueよりもfalseのほうが簡単に定義できます。falseは0です。
trueは1とされることが多く、それで良いのですが、本来はもっと広い定義が可能です。1以外にも、-1や2、-200といった数もブール値として見たときにはtrueです。

....

❷ HIGH/LOW（ピンのレベルを定義する定数）

デジタルピンに対して入出力するとき、ピンはHIGHかLOWどちらかの状態を取ります。

HIGH：HIGHの意味は対象となるピンの設定がINPUTかOUTPUTかで異なります。
pinModeでINPUTにセットしたピンをdigitalReadするとき、そのピンに3V以上の電圧がかかるとHIGHになります。同じピンにdigitalWriteでHIGHを出力すると、20KΩの内部プルアップ抵抗が有効になります。
ピンがOUTPUTに設定されているとき、digitalWriteでHIGHを出力すると、そのピンは5Vになります。

LOW：LOWの意味もピンのモードに依存します。
INPUTに設定されているピンに対してdigitalReadを実行するとき、2V以下の電圧でLOWとなります。
OUTPUTに設定されているピンにdigitalWriteでLOWを出力すると、そのピンは0Vとなります。

[訳注] ここでは、電源電圧が5VのArduinoボードが前提となっています。電源電圧が3.3Vの場合、HIGHは3.3Vとなります。つまり、マイコンを駆動している電圧がHIGHのレベルです。

➡ INPUT/INPUT_PULLUP/OUTPUT
（デジタルピンを定義する定数）

デジタルピンの電気的振る舞いを変更するときに使う定数で、おもにpinMode関数のパラメータとして使います。

INPUT

デジタルピンを入力として設定したいときに使います。たとえばスイッチをつないでその状態を知りたいとき、INPUTを指定します。
INPUTに設定されたピンはハイインピーダンス状態にあります。これは100MΩ（メガオーム）の抵抗が直列に接続された状態に相当し、サンプリングの際、回路に対してほんのわずかの影響しか与えません。このことはセンサの値を読み取るときに役立ちますが、LEDの駆動には不向きです。

INPUT_PULLUP

Arduino Unoが採用しているATmegaマイコンは内部にプルアップ抵抗を持っています。pinMode()でこれを有効にするとき使うのが、この定数です。プッシュスイッチ（タクタイルスイッチ）やティルトスイッチのように、接点が開放状態になる可能性のある部品を使うときは、プルアップ抵抗を有効にして、ピンが「浮いている」状態になるのを防ぐ必要があります。内部プルアップ機能の代わりに、10KΩ程度の抵抗器を使って、プルアップ（+5Vに接続）またはプルダウン（GNDに接続）する方法もあります。

OUTPUT

ピンがOUTPUTとして設定されているときはローインピーダンス状態にあるといえます。これは、回路に対してたくさんの電流を供給できることを意味します。Arduino Unoのピンはソース（電流を供給する）としても、シンク（電流を吸い込む）としても使用でき、ピンあたり最大40mA（ミリアンペア）を流すことができます。この値を超えると、マイコンが破壊に至る可能性があります。GNDや5V端子に短絡（ショート）させないよう注意してください。出力モードのデジタルピンはLEDの点灯には使えますが、モーターやリレーを制御するときは何らかの駆動回路が必要です。

➡ 整数の定数

整数の定数は、スケッチのなかで直接用いられる「123」のような数値です。通常、この数値は十進数の整数ですが、特別な表記方法（フォーマッタ）を使えば、他の基数で入力できます。

基数	例	フォーマッタ	コメント
10（十進数）	123	なし	
2（二進数）	B1111011	大文字の 'B'	0と1の文字が使用可能
8（八進数）	0173	先頭に0	0-7の文字が使用可能
16（十六進数）	0x7B	先頭に0x	0-9、A-F、a-fが使用可能

二進数のフォーマッタは0（B0）から255（B11111111）までの8ビットの数に対して機能します。もし、16ビットの数を二進数で表現したいときは、次のように2ステップで行うことができます。

```
myInt = (B11001100 * 256) + B10101010;   // B11001100が上位バイト
```

十六進数は0から9までの数字とAからFのアルファベットを用います。Aは10、Bは11で、Fが15です。

[注意] 数字の頭に（何気なく）0をつけてしまうことで、見つけるのが難しいバグを作り込んでしまうことがあります。数値の頭のゼロは八進数を表します。

U フォーマッタとL フォーマッタ

uまたはUは、符号なしの数を表します。例：33u
lまたはLは、倍精度の数を表します。例：100000L
ulまたはULは倍精度・符号なしの意味です。例：32767ul

➜ 浮動小数点数の定数

整数と同様に、浮動小数点数の定数もコードを読みやすくします。定数はコンパイル時に評価されて、数値に置き換えられます。
浮動小数点数にはいくつかの記法があります。Eやeが指数を表す記号として使えます。

定数の表現	評価された結果
10.0	10
2.34E5	234000
67e-12	.000000000067

[例] 次の例は0.005を代入しています。

```
n = .005;
```

変数の応用

➜ 変数のスコープ

Arduinoが使用するC言語には、変数のスコープという概念があります。グローバル(大域的)とローカル(局所的)という2つの見え方を考慮することで、プログラムがより安全で分かりやすくなります。

グローバル変数はすべての関数から見えます。ローカル変数は、それが宣言された関数の中でのみ見ることができます。Arduinoでは setup や loop といった関数の外側で宣言された変数はグローバル変数です。
プログラムが大きく複雑になるほど、関数外からアクセスできないローカル変数の存在が重要となります。他の関数が使っている変数を、うっかり変更してしまうようなミスを防ぐことができるわけです。
関数だけでなく、for ループで使う変数にもスコープは適用されます。for 文で宣言した変数は、その波カッコ内でのみ使用可能です。

[例]

```
int gPWMval;  // すべての関数から見える変数

void setup(){
  // ...
}

void loop(){
  int i;    // loop関数の中でだけ見える
  float f;  // loop関数の中でだけ見える

  for (int j = 0; j <100; j++){
    // 変数 j はこの波カッコ内でだけアクセス可能
  }
}
```

➜ static

static キーワードは、ある関数のなかでだけ見える変数を作りたいときに使います。関数が呼ばれるたびに生成と破棄が行われるローカル変数と違い、スタティック変数は持続的で、関数が繰り返し呼ばれる間も値が保存されます。

175

スタティック変数は、関数が初めて呼ばれたときに一度だけ生成されます。

[**例**] 線上の2点間をランダムウォークします。変数stepsizeで一度に動く最大量を決めています。スタティック変数の値が乱数によって、上下します。このテクニックは「ピンクノイズ」としても知られています。

```
// RandomWalk
// Paul Badger 2007
#define randomWalkLowRange -20
#define randomWalkHighRange 20
int stepsize;
int thisTime;
int total;

void setup() {
  Serial.begin(9600);
}

void loop() {
  stepsize = 5;
  thisTime = randomWalk(stepsize);
  Serial.println(thisTime);
  delay(10);
}
int randomWalk(int moveSize) {
  static int place;        // 現在位置 (staticなので値が持続する)
  place = place + (random(-moveSize, moveSize + 1));

  if (place < randomWalkLowRange) {
    place = place + (randomWalkLowRange - place);
  } else if(place > randomWalkHighRange) {
    place = place - (place - randomWalkHighRange);
  }

  return place;
}
```

176   Arduinoをはじめよう | Arduino言語

→ volatile

volatileは変数を修飾するキーワードで、型宣言の前に付けて、コンパイラが変数を取り扱う方法を変更します。

具体的には、変数をレジスタではなくRAMからロードするよう、コンパイラに指示します。ある条件では、レジスタに記憶された変数の値は不確かだからです。

変数をvolatileとして宣言する必要があるのは、その変数がコントロールの及ばない別の場所（たとえば並行して動作するコード）で変更される可能性があるときです。Arduinoの場合、そうした状況が当てはまるのは、割り込みサービスルーチンと呼ばれる、割り込みに関連したコードだけです。

[**例**] 割り込みピンの状態が変化したらLEDを反転（トグル）させる例です。

```
int pin = 13;
volatile int state = LOW;

void setup() {
  pinMode(pin, OUTPUT);
  attachInterrupt(0, blink, CHANGE);
}

void loop() {
  digitalWrite(pin, state);
}

void blink() {
  state = !state;
}
```

→ const

constキーワードは変数の挙動を変える修飾子で、定数を表します。

constは変数を「読み取り専用」にします。つまり、型を持つ変数として使えますが、値は変更できません。const変数に代入しようとすると、コンパイルエラーが発生します。

constキーワードを付けられた変数も、他の変数と同様にスコープのルールに従います。これが#defineよりconstを使うほうが良い理由です。

[**例**] constを使用した変数宣言の例です。

177

```
const float pi = 3.14;
float x;

x = pi * 2;     // const変数を計算に使うのは可
pi = 7;         // 不可 (コンパイル時にエラーとなります)
```

⊃ PROGMEM

Flashメモリ (プログラム領域) にデータを格納するための修飾子です。Arduino Uno の SRAM は小さいため、大きなデータは PROGMEM を使って Flash メモリから読み込みます。
PROGMEM キーワードは変数を宣言するときに使います。pgmspace.h で定義されているデータ型だけを使用してください。PROGMEM は pgmspace.h ライブラリの一部です。よって、このキーワードを使うときは、まず次のようにして、ライブラリをインクルードする必要があります。

```
#include <avr/pgmspace.h>
```

[**構文**]
```
const dataType variableName[] PROGMEM = {data0, data1, data3...};

dataType:データ型
variableName:配列の名前
```

PROGMEM キーワードを置く位置は次のどちらかです。

```
const dataType variableName[] PROGMEM = {};
const PROGMEM dataType variableName[] = {};
```

次のようにしてもコンパイルは成功しますが、IDE のバージョンによっては正常に動作しません。

```
dataType PROGMEM variableName[] = {};
```

PROGMEM を単独の変数に対して使うこともできますが、大きなデータを扱うならば配列にするのが一番簡単です。
Flash メモリに書き込んだデータは、pgmspace.h で定義されている専用のメソッド (関数) を使って RAM に読み込むことで、利用できるようになります。

[例] PROGMEMを使って、char型（1バイト）とint型（2バイト）のデータを読み書きする例です。

```
#include <avr/pgmspace.h>

// 整数をいくつか保存
const PROGMEM uint16_t charSet[] =
  { 65000, 32796, 16843, 10, 11234};

// さらに文字を少し
const char signMessage[] PROGMEM
  = {"I AM PREDATOR, UNSEEN COMBATANT."};

unsigned int displayInt;
int k;      // カウンター
char myChar;


void setup() {
  Serial.begin(9600);
  while (!Serial);

  // 整数 (int) を読む
  for (k = 0; k < 5; k++) {
    displayInt = pgm_read_word_near(charSet + k);
    Serial.println(displayInt);
  }
  Serial.println();

  // 文字を読む
  int len = strlen_P(signMessage);
  for (k = 0; k < len; k++) {
    myChar =  pgm_read_byte_near(signMessage + k);
    Serial.print(myChar);
  }

  Serial.println();
}


void loop() {
  // 繰り返し実行する処理
}
```

179

[**例**] 文字列の配列をFlashメモリに配置する例です。

```
#include <avr/pgmspace.h>
const char string_0[] PROGMEM = "String 0";
const char string_1[] PROGMEM = "String 1";
const char string_2[] PROGMEM = "String 2";
const char string_3[] PROGMEM = "String 3";
const char string_4[] PROGMEM = "String 4";

// 文字列のテーブル
const char* const string_table[] PROGMEM =
  {string_0, string_1, string_2, string_3, string_4};

char buffer[30]; // 最長の文字列を格納するのに十分な大きさ

void setup() {
  Serial.begin(9600);
  while(!Serial);
  Serial.println("OK");
}

void loop() {
  for (int i = 0; i < 5; i++) {
    // 文字列を送信。strcpy_Pでバッファへコピーしてから使います
    strcpy_P(buffer, (char*)pgm_read_word(&(string_table[i])));
    Serial.println(buffer);
    delay( 500 );
  }
}
```

➔ F()マクロ

Frashメモリの文字列にアクセスするためのマクロです。PROGMEMよりも簡単に、長い文字列を
扱うことができます。

[**構文**]

  F("文字列")

180 **Arduinoをはじめよう** | Arduino言語

[**例**] Flashメモリから文字列を取得して出力する

```
void setup() {
  Serial.begin(9600);
}

void loop() {
  Serial.print( F("Hello World.") );
  delay(1000);
}
```

➔ sizeof

sizeof演算子は変数や配列のバイト数を返します。

[**構文**]
```
sizeof(variable)
```

[**パラメータ**]
variable：変数または配列

[**例**] sizeof演算子は配列に用いると便利です。この例は、文章を1文字ずつプリントアウトします。

```
char myStr[] = "this is a test";
int i;

void setup(){
  Serial.begin(9600);
}

void loop() {
  for (i = 0; i < sizeof(myStr) - 1; i++) {
    Serial.print(i, DEC);
    Serial.print(" = ");
    Serial.write(myStr[i]); // printではなくwriteを使用
    Serial.println();
  }
  delay(5000);
}
```

sizeofが返すのはバイト数です。int型のような、より大きな型を使う場合は次のようにします。

```
for (i = 0; i < (sizeof(myInts)/sizeof(int)) - 1; i++) {
  // myInts[i]を使う処理
}
```

デジタル入出力関数

➔ pinMode(pin, mode)

ピンの動作を入力か出力に設定します。

[パラメータ]

pin：設定したいピンの番号
mode：INPUT、OUTPUT、INPUT_PULLUP

[戻り値]

なし

[例] LEDが1秒おきに点滅します。

```
int ledPin = 13;              // LEDはデジタルピン13に接続

void setup() {
  pinMode(ledPin, OUTPUT);    // 出力に設定
}

void loop() {
  digitalWrite(ledPin, HIGH);   // LEDをオン
  delay(1000);                  // 1秒待つ
  digitalWrite(ledPin, LOW);    // LEDをオフ
  delay(1000);
}
```

[補足] アナログ入力ピンはデジタルピンとしても使えます。その場合もA0、A1、A2……という
名前で参照できます。

182   Arduinoをはじめよう | Arduino言語

➜ digitalWrite (pin, value)

HIGHまたはLOWを、指定したピンに出力します。
指定したピンがpinMode()関数でOUTPUTに設定されている場合は、次の電圧にセットされます。

HIGH = 5V (3.3Vのボードでは3.3V)
LOW = 0V (GND)

指定したピンがINPUTに設定されている場合、HIGHを出力すると内部プルアップ抵抗が有効となりますが、通常はpinMode()でINPUT_PULLUPを指定してください。

[パラメータ]
   pin：ピン番号
   value：HIGHかLOW

[戻り値]
   なし

[例] pinMode()を参照。

➜ digitalRead (pin)

指定したピンの値を読み取ります。その結果はHIGHまたはLOWとなります。

[パラメータ]
   pin：読みたいピンの番号

[戻り値]
   HIGHまたはLOW

[例] プッシュスイッチを押している間、LEDが点灯する回路です。入力用のピン (7番ピン) の値を、出力用のピン (13番) と同じにすることで実現しています。

```
int ledPin = 13;  // LEDを13番ピンに
int inPin = 7;    // デジタルピン7にプッシュボタン
int val = 0;      // 読み取った値を保持する変数

void setup() {
  pinMode(ledPin, OUTPUT);   // LED用に出力に設定
```

```
   pinMode(inPin, INPUT);     // スイッチ用に入力に設定
}

void loop() {
  val = digitalRead(inPin);   // 入力ピンを読む
  digitalWrite(ledPin, val);  // LEDのピンを読み取った値に変更
}
```

［補足］なにも接続していないピンを読み取ると、HIGHとLOWがランダムに現れることがあります。

アナログ入出力関数

❯ analogRead (pin)

指定したアナログピンから値を読み取ります。Arduinoボードは6チャネル（miniは8チャネル、
Megaは16チャネル）の10ビットADコンバータを搭載しています（ADはanalog to digitalの略）。
これにより、0から5ボルトの入力電圧を0から1023の数値に変換することができます。分解能は
1単位あたり4.9mVとなります。
この処理は約100μ秒（0.0001秒）かかります。つまり、毎秒1万回が読み取りレートの上限です。

［パラメータ］
　　pin：読みたいピンの番号

　　読み取りに使いたいピンの番号を整数で指定します。ほとんどのボードでは0から5が有効な数
　　値ですが、Arduino MiniやNanoは0から7、Megaは0から15が有効なピン番号です。

［戻り値］
　　0から1023までの整数値

［例］可変抵抗器（ポテンショメータ）のダイアルの位置に連動するLED。指定した閾値を超える
と点灯する。

```
int analogPin = 3;  // ポテンショメータのワイパー ( 中央の端子 ) をつなぐピン
                    // 両端はGNDと+5Vに接続
int val = 0;    // 読み取った値を格納する変数
```

```
void setup() {
  Serial.begin(9600); // シリアル通信の初期化
}

void loop() {
  val = analogRead(analogPin);
  Serial.println(val);
}
```

[補足] 何も接続されていないピンに対してanalogReadを実行すると、不安定に変動する値が得られます。これには様々な要因が関係していて、手を近づけるだけでも値が変化します。

⮕ analogWrite(pin, value)

指定したピンからアナログ値（PWM波）を出力します。LEDの明るさを変えたいときや、モータの回転スピードを調整したいときに使えます。analogWrite関数が実行されると、次にanalogWriteやdigitalRead、digitalWriteなどがそのピンに対して使用されるまで、安定した矩形波が出力されます。PWM信号の周波数は約490Hzです。ただし、Unoの5、6番ポートとLeonardoの3、11番ピンは約980Hzで出力します。
UnoのようにATmega328Pを搭載しているArduinoボードでは、デジタルピン3、5、6、9、10、11でこの機能が使えます。Leonardoはデジタルピン13もPWM対応です。
analogWriteの前にpinMode関数を呼び出して出力に設定する必要はありません。

[パラメータ]
  pin：出力に使うピンの番号
  value：デューティ比（0から255）

valueに0を指定すると、0Vの電圧が出力され、255を指定すると5Vが出力されます。ただし、これは電源電圧が5Vの場合で、3.3Vの電源を使用するボードでは3.3Vが出力されます。つまり、出力電圧の最大値は電源電圧と同じです。

[戻り値]
  なし

[例] ポテンショメータの状態に応じて、LEDの明るさを変えます。

```
int ledPin = 9;        // LEDはピン9に接続
int analogPin = 3;     // アナログピン3にポテンショメータ
int val = 0;
```

185

```
void setup() {
}

void loop() {
  val = analogRead(analogPin);
  // 得たアナログ値を1/4して、0-1023の値を0-255に変換
  analogWrite(ledPin, val / 4);
}
```

◆ analogReference(type)

アナログ入力で使われる基準電圧を設定します。analogRead関数は入力が基準電圧と同じとき1023を返します。

[パラメータ]
次のうちの1つを指定します。

　　DEFAULT：電源電圧（5V）が基準電圧となります。これがデフォルトです
　　INTERNAL：内蔵基準電圧を用います。ATmega168と328Pでは1.1Vです
　　EXTERNAL：AREFピンに供給される電圧（0V〜5V）を基準電圧とします

Arduino Megaの内蔵基準電圧源を有効にする場合は下記のどちらかを指定してください。

　　INTERNAL1V1：1.1V
　　INTERNAL2V56：2.56V

[戻り値]
　　なし

[注意] 外部基準電圧を0V未満あるいは5V（電源電圧）より高い電圧に設定してはいけません。AREFピンに外部基準電圧源を接続した場合、analogRead()を実行する前に、かならずanalogReference(EXTERNAL)を実行しましょう。デフォルトの設定のまま外部基準電圧源を使用すると、チップ内部で短絡（ショート）が生じ、Arduinoボードが損傷するかもしれません。
5KΩの抵抗器を介して外部基準電圧源をAREFピンに接続する方法があります。これにより内部と外部の基準電圧源を切り替えながら使えるようになります。ただし、AREFピンの内部抵抗（32KΩ）の影響で基準電圧が変化する点に注意してください。5KΩの外付け抵抗と32KΩの内部抵抗によって分圧が生じ、たとえば2.5Vの電圧源を接続したとしても、2.5 * 32 / (32 + 5)により、約2.16VがAREFピンの電圧となります。

[**AREFの使い方**] AREFに供給される電圧が、ADCの最大値（1023）に対応する電圧を決定します。ADCは Analog to Digital Converter の略です。

AREF(pin 21)に何もつながっていない状態がすべての Arduino ボードの標準的な構成です。analogReferenceが DEFAULTに設定されているとき、内部でAVCCとAREFは接続されています。この接続は低インピーダンスなので、DEFAULT設定のまま（誤って）AREFピンに電圧をかけてしまうと、ATmegaチップがダメージを受けることがあります。これが、AREFピンに5KΩの抵抗器をつなぐほうが良い理由です。

analogReference(INTERNAL)を実行することで、AREFピンはチップ内部で内蔵基準電圧源に接続されます。この設定では基準電圧（1.1V）以上の電圧がアナログ入力ピンにかかったとき、analogReadは1023を返します。基準電圧未満では比例の関係となり、0.55Vで512となります。

内蔵基準電圧源とAREFピンの間の接続は高インピーダンスなので、AREFピンから1.1Vを読み取ることは難しく、高インピーダンスなマルチメータが必要になるでしょう。INTERNAL設定のときは、外部の電圧源を（誤って）AREFピンにつなげてしまったとしてもチップがダメージを受けることはありませんが、1.1Vの電圧源は無効となり、ADCの読みは、その外部からの電圧で決定されてしまいます。外部の基準電圧を使用するときの正しい設定はanalogReference(EXTERNAL)です。これにより、内部の基準電圧源は両方とも切り離されて、AREFピンに対して外から供給される電圧をADCの基準とすることができます。

その他の入出力関数

→ tone(pin, frequency)

指定した周波数の矩形波（50%デューティ）を生成します。時間（duration）を指定しない場合はnoTone()を実行するまで動作を続けます。出力ピンに圧電ブザーやスピーカを接続することで、一定ピッチの音を再生できます。

同時に生成できるのは1音だけです。すでに他のピンでtone()が実行されている場合、次に実行したtone()は効果がありません。先にnoTone()を実行してください。同じピンに対してtone()を実行した場合は周波数が変化します。

31Hz以下の周波数は生成できません。

この関数はピン3と11のPWM出力を妨げます。

[**構文**]
```
tone(pin, frequency)
tone(pin, frequency, duration)
```

［パラメータ］

　pin：トーンを出力するピン

　frequency：周波数（Hz）

　duration：出力する時間をミリ秒で指定できます（オプション）

［戻り値］

　なし

● noTone(pin)

tone()で開始された矩形波の生成を停止します。tone()が実行されていない場合はなにも起こりません。

［パラメータ］

　pin：トーンの生成を停止したいピン

［戻り値］

　なし

● shiftOut (dataPin, clockPin, bitOrder, value)

1バイト分のデータを1ビットずつ「シフトアウト」します。最上位ビット（MSB）と最下位ビット（LSB）のどちらからもスタートできます。各ビットはまずdataPinに出力され、その後clockPinが反転して、そのビットが有効になったことが示されます。

これは同期シリアル通信として知られ、センサや他のマイコンとのコミュニケーション手段です。2つのデバイスがクロックを共有することで常に同期し、最大限のスピードでやりとりできます。

［パラメータ］

　dataPin：各ビットを出力するピン

　clockPin：クロックを出力するピン。dataPinに正しい値がセットされたら、このピンが1回反転します

　bitOrder：MSBFIRSTまたはLSBFIRSTを指定します。MSBFIRST（Most Significant Bit First）は最上位ビットから送ること、LSBFIRST（Least Significant Bit First）は最下位ビットから送ることを示します。

　value：送信したいデータ（byte）

［戻り値］

　なし

188　　Arduinoをはじめよう ｜ Arduino言語

[**補足**] dataPin と clockPin は、あらかじめ pinMode 関数によって出力 (OUTPUT) に設定されている必要があります。

[**例**] int 型のデータを LSB first で送信します。データは 2 バイトの大きさなので、一度には送れません。ビットシフト演算を用いて 1 バイトずつ送ります。

```
int data = 500;
shiftOut(data, clock, LSBFIRST, data); // 2 バイトの下位を送信
shiftOut(data, clock, LSBFIRST, (data >> 8)); // 上位バイト
```

74HC595 シフトレジスタを使って、8 つの LED を 1 つずつ順番に光らせます。

```
int latchPin = 8;  // 74HC595 の ST_CP へ
int clockPin = 12; // 74HC595 の SH_CP へ
int dataPin = 11;  // 74HC595 の DS へ

void setup() {
  pinMode(latchPin, OUTPUT);
  pinMode(clockPin, OUTPUT);
  pinMode(dataPin, OUTPUT);
}

void loop() {
  // LED1 から LED8 までを順に光らせます
  for (int j = 0; j < 7; j++) {
    // 送信中の latchPin はグランド (LOW) レベル
    digitalWrite(latchPin, LOW);
    // シフト演算を使って点灯する LED を選択しています
    shiftOut(dataPin, clockPin, LSBFIRST, 1<<j);
    // 送信終了後 latchPin を HIGH にする
    digitalWrite(latchPin, HIGH);
    delay(100);
  }
}
```

189

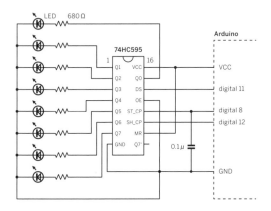

図II-2 シフトレジスタの接続例

ブレッドボードを使った接続の仕方は次のURLで紹介されています。
　　arduino.cc/en/Tutorial/ShiftOut

⮕ shiftIn(dataPin, clockPin, bitOrder)

1バイトのデータを1ビットずつ「シフトイン」します。最上位ビット（MSB）と最下位ビット（LSB）のどちらからもスタートできます。各ビットについて次のように動作します。まずclockPinがHIGHになり、dataPinから1ビットが読み込まれ、clockPinがLOWに戻ります。
クロックの立ち上がりエッジで読み取る場合は、事前にdigitalWrite(clockPin, LOW)としてピンをローレベルにしておく必要があります。

[パラメータ]
　　dataPin：入力ピン
　　clockPin：クロックを出力するピン
　　bitOrder：MSBFIRSTまたはLSBFIRSTを指定します。

[戻り値]
　　読み取った値（byte）

⮕ pulseIn(pin, value, timeout)

ピンに入力されるパルスを検出します。たとえば、パルスの種類（value）をHIGHに指定した場合、pulseIn関数は入力がHIGHに変わると同時に時間の計測を始め、またLOWに戻ったら、そこまでの時間（つまりパルスの長さ）をマイクロ秒単位で返します。タイムアウトを指定した場合は、そ

の時間を超えた時点で0を返します。

この関数で計測可能な時間は、経験上、10マイクロ秒から3分です。あまりに長いパルスに対してはエラーとなる可能性があります。

［パラメータ］

　pin：パルスを入力するピンの番号

　value：測定するパルスの種類。HIGHまたはLOW

　timeout（省略可）：タイムアウトまでの時間（単位・マイクロ秒）。デフォルトは1秒（unsigned long）

［戻り値］

　パルスの長さ（マイクロ秒）。パルスがスタートする前にタイムアウトとなった場合は0（unsigned long）。

［例］ パルスがHIGHになっている時間（duration）を調べます。

```
int pin = 7;
unsigned long duration;
void setup() {
  pinMode(pin, INPUT);
}

void loop() {
  duration = pulseIn(pin, HIGH);
}
```

時間に関する関数

→ millis()

Arduinoボードがプログラムの実行を開始した時から現在までの時間をミリ秒単位で返します。約50日でオーバーフローし、ゼロに戻ります。

［パラメータ］

　なし

［戻り値］

　実行中のプログラムがスタートしてからの時間（unsigned long）

191

[**例**] プログラムがスタートしてからの時間を出力します。

```
unsigned long time;

void setup() {
  Serial.begin(9600);
}

void loop() {
  time = millis();
  Serial.println(time);

  delay(1000);  // 1秒おきに送信
}
```

➜ micros()

Arduinoボードがプログラムの実行を開始した時から現在までの時間をマイクロ秒単位で返します。約70分間でオーバーフローし、ゼロに戻ります。16MHz動作のArduinoボードでは、この関数の分解能は4マイクロ秒で、戻り値は常に4の倍数となります。8MHzのボード（たとえばLilyPad）では、8マイクロ秒の分解能となります。
1,000マイクロ秒は1ミリ秒、1,000,000マイクロ秒は1秒です。

[**パラメータ**]
なし

[**戻り値**]
実行中のプログラムが動作し始めてからの時間をマイクロ秒単位で返します（unsigned long）

[**例**] 起動からの時間（マイクロ秒）をシリアルで送信します。

```
unsigned long time;

void setup() {
  Serial.begin(9600);
}

void loop() {
  time = micros();
  Serial.println(time);
```

```
    delay(1000); // 1秒おきに送信
}
```

➡ delay (ms)

プログラムを指定した時間だけ止めます。単位はミリ秒です（1,000ミリ秒=1秒）。

[パラメータ]

ms：一時停止する時間（unsigned long）。単位はミリ秒

このパラメータはunsigned long型です。32767より大きい整数を指定するときは、値の後ろにULを付け加えます。例：delay(60000UL);

[戻り値]

なし

[例] 0.5秒間LEDを点灯させます。

```
digitalWrite(ledPin, HIGH);
delay(500);
digitalWrite(ledPin, LOW);
```

[補足] delay関数は便利ですが、欠点もあります。delay()が動いている間は他の計算、センサの読み取り、ピン状態の変更といった処理ができないのです。ただし、PWM出力、シリアル通信の受信処理、外部割り込みなどはdelay()が処理を止めている間も有効です。

➡ delayMicroseconds (us)

プログラムを指定した時間だけ一時停止します。単位はマイクロ秒です。数千マイクロ秒を超える場合はdelay関数を使ってください。現在の仕様では、16383マイクロ秒以内の値を指定したとき、正確に動作します。この仕様は将来のリリースで変更されるはずです。

[パラメータ]

us：一時停止する時間。単位はマイクロ秒。1マイクロ秒は1ミリ秒の1/1000（unsigned int）

[戻り値]

なし

193

[**例**] 1周期が100マイクロ秒のパルスでLEDを点灯させます。

```
int outPin = 13;                    // LEDはピン13に接続

void setup() {
  pinMode(outPin, OUTPUT);          // 出力として使用
}
void loop() {
  digitalWrite(outPin, HIGH);       // LEDを点灯
  delayMicroseconds(50);            // 50us停止
  digitalWrite(outPin, LOW);        // LEDをオフ
  delayMicroseconds(50);            // もういちど50us待つ
}
```

[**補足**] この関数は3マイクロ秒以上のレンジではとても正確に動作します。それより短い時間での正確さは保証できません。

数学的な関数

min()、max()、abs()の各関数は実装の都合により、カッコ内で関数を使ったり変数を操作することができません。たとえば、min(a++, 100)とすると正しい答が得られません。かわりに、次のようにしてください。

```
a++;
min(a, 100);
```

➔ min(x, y)

2つの数値のうち、小さいほうの値を返します。

[**パラメータ**]
　x:1つ目の値
　y:2つ目の値

［**戻り値**］
　小さいほうの数値

［**例**］センサの値（sensVal）が100を超えているときは、100を返します。

```
sensVal = min(sensVal, 100);
```

➊ max (x, y)

2つの数値のうち、大きいほうの値を返します。

［**パラメータ**］
　x：1つ目の値
　y：2つ目の値

［**戻り値**］
　大きいほうの数値

［**例**］センサの値（sensVal）が100より小さいときは、100を返します。

```
sensVal = max(sensVal, 100);
```

➊ abs (x)

絶対値を計算します。

［**パラメータ**］
　x：数値

［**戻り値**］
　xが0以上のときは、xをそのまま返し、xが0より小さいときは、-xを返します。

➊ constrain (x, a, b)

数値を指定した範囲のなかに収めます。

195

［パラメータ］
　x：計算対象の値
　a：範囲の下限
　b：範囲の上限

［戻り値］
　xがa以上b以下のときはxがそのまま返ります。xがaより小さいときはa、bより大きいときは
　bが返ります。

［例］センサの値（sensVal）を10以上、150以下の範囲に収めます。はじめから10以上、150
以下の場合は、変更されません。

```
sensVal = constrain(sensVal, 10, 150);
```

➔ map(value, fromLow, fromHigh, toLow, toHigh)

数値をある範囲から別の範囲に変換します。fromLowと同じ値を与えると、toLowが返り、
fromHighと同じ値ならtoHighとなります。その中間の値は、2つの範囲の大きさの比に基づい
て計算されます。
そのほうが便利な場合があるので、この関数は範囲外の値も切り捨てません。ある範囲のなか
に収めたい場合は、constrain関数と併用してください。
範囲の下限を上限より大きな値に設定できます。そうすると値の反転に使えます。例：y =
map(x, 1, 50, 50, 1);
範囲を指定するパラメータに負の数を使うこともできます。例：y = map(x, 1, 50, 50,
-100);
map関数は整数だけを扱います。計算の結果、小数が生じる場合、小数部分は単純に切り捨
てられます。

［パラメータ］
　value：変換したい数値
　fromLow：現在の範囲の下限
　fromHigh：現在の範囲の上限
　toLow：変換後の範囲の下限
　toHigh：変換後の範囲の上限

［戻り値］
　変換後の数値（long）

196　　Arduinoをはじめよう ｜ Arduino言語

[**例**] アナログ入力の10ビットの値を8ビットに丸めます。

```
void setup() {}

void loop() {
  int val = analogRead(0);
  val = map(val, 0, 1023, 0, 255);
  analogWrite(9, val);
}
```

[**補足**] どのような計算が行われているか気になる人は次のソースを見てください。

```
long map(long x, long in_min, long in_max, long out_min, long
out_max) {
  return (x - in_min) * (out_max - out_min) / (in_max - in_min)
+ out_min;
}
```

⮕ pow(base, exponent)

べき乗の計算をします。小数も使えます。指数関数的な値や曲線が必要なときに便利です。

[**パラメータ**]
base：底となる数値（float）
exponent：指数となる数値（float）

[**戻り値**]
べき乗の計算の結果（double）

[**例**] 10の1.5乗を計算します。

```
a = pow(10, 1.5); // 結果は約31
```

⮕ sqrt(x)

平方根を求めます。

[パラメータ]
　x：数値

[戻り値]
　平方根（double）

三角関数

sin(rad)

正弦（sine）を計算します。角度の単位はラジアンで、結果は-1から1の範囲です。

[パラメータ]
　rad：角度（float）

[戻り値]
　正弦の値（double）

cos(rad)

余弦（cosine）を計算します。角度の単位はラジアンで、結果は-1から1の範囲です。

[パラメータ]
　rad：角度（float）

[戻り値]
　余弦の値（double）

tan(rad)

正接（tangent）を計算します。角度の単位はラジアンです。

[パラメータ]
　rad：角度（float）

［戻り値］

　正接を表す数値（double）

乱数に関する関数

➋ randomSeed (seed)

randomSeed関数は疑似乱数ジェネレータを初期化して、乱数列の任意の点からスタートします。この乱数列はとても長いものですが、常に同一です。

random関数がスケッチを実行するたびに異なった乱数列を発生することが重要な場合、未接続のピンをanalogReadした値のような、真にランダムな数値と組み合わせてrandomSeedを実行してください。

逆に、疑似乱数が毎回同じ数列を作り出す性質を利用する場合は、randomSeedを毎回同じ値で実行してください。

［パラメータ］

　seed：乱数の種となる数値（long）

［戻り値］

　なし

［例］アナログ入力の値を使って乱数を初期化します。

```
long randNumber;

void setup() {
  Serial.begin(9600);
  randomSeed(analogRead(0));  // 未接続ピンのノイズを利用
}
void loop() {
  randNumber = random(300);
  Serial.println(randNumber);
  delay(50);
}
```

三角関数

乱数に関する関数

➜ random(min, max)

疑似乱数を生成します。

[パラメータ]
　min：生成する乱数の下限。省略可能
　max：生成する乱数の上限

[戻り値]
　minからmax-1の間の整数（long）

[例] 下限を指定しない例と、する例を示します。

```
long randNumber;

void setup(){
  Serial.begin(9600);
  randomSeed(analogRead(0));
}

void loop() {
  randNumber = random(300); // 0から299の乱数を生成
  Serial.println(randNumber);

  randNumber = random(10, 20); // 10から19の乱数を生成
  Serial.println(randNumber);

  delay(50);
}
```

外部割り込み

→ attachInterrupt(interrupt, function, mode)

外部割り込みが発生したときに実行する関数を指定します。すでに指定されていた関数は置き換えられます。呼び出せる関数は引数と戻り値が不要なものだけです。

ピンの割り当てはボードによって異なります。UnoとLeonardoで有効な割り込み番号 (int.0 〜) と、それに対応するピン番号は下記のとおりです。

	int.0	int.1	int.2	int.3	int.4
Uno	pin2	pin3			
Leonardo	pin3	pin2	pin0	pin1	pin7

[パラメータ]
　　interrupt：割り込み番号
　　function：割り込み発生時に呼び出す関数の名前

　　mode：割り込みを発生させるトリガ
　　　　LOW：ピンが LOWのとき発生
　　　　CHANGE：ピンの状態が変化したときに発生
　　　　RISING：ピンの状態が LOWからHIGHに変わったときに発生
　　　　FALLING：ピンの状態が HIGHから LOWに変わったときに発生

[戻り値]
　　なし

[補足] attachInterruptで指定する関数のなかでは次の点に気を付けてください。

• delay関数は機能しません。
• millis関数の戻り値は増加しません。
• シリアル通信により受信したデータは、失われる可能性があります。
• 割り当てた関数のなかで値が変化する変数にはvolatileを付けて宣言します。

[割り込みの使い方] 割り込みはプログラムのなかで物事が自動的に発生するようにしたいときに便利です。また、タイミングの問題を解決してくれます。割り込みに適したタスクは、ロータリエンコーダの読み取りやユーザーの入力の監視などです。

割り込みを使わずにロータリエンコーダからのパルスを漏らさず受け取ろうとすると、入力を監視するトリッキーな処理が必要です。サウンドセンサでクリック音を検知したり、フォトインタラプタでコインが落ちるのを検出するときも同様です。そうした処理を実装するとき、割り込みを使えば、他の処理を実行しながら突然発生するイベントに対処することができます。

[**例**] ピン2の状態の変化に合わせてLEDを点滅させます。

```
int pin = 13;
volatile int state = LOW;

void setup() {
  pinMode(pin, OUTPUT);
  attachInterrupt(0, blink, CHANGE);
}

void loop() {
  digitalWrite(pin, state);
}

void blink() {
  state = !state;
}
```

➲ detachInterrupt (interrupt)

指定した割り込みを停止します。

[*パラメータ*]
　interrupt：停止したい割り込みの番号（0または1）

割り込み

→ interrupts()

noInterrupts関数によって停止した割り込みを有効にします。割り込みはデフォルトで有効とされ、バックグラウンドで重要なタスクを処理します。いくつかの機能は割り込みが無効の間は動作しません。たとえば、シリアル通信の受信データが無視されることがあります。割り込みはコードのタイミングを若干乱すので、クリティカルなセクションでは無効にしたほうがいいかもしれません。

[パラメータ]

なし

[戻り値]

なし

→ noInterrupts()

割り込みを無効にします。interrupts関数でまた有効にできます。

[パラメータ]

なし

[戻り値]

なし

[例]

```
void setup() {}

void loop() {
  noInterrupts();
  // 時間に敏感で重要なコードはここに
  interrupts();
  // 通常のコード
}
```

203

シリアル通信

他のコンピュータやデバイスと通信するために、どのボードにも最低1つのシリアルポートが用意されています。ピン0と1がシリアルポートのピンで、この2ピンを通信に使用する場合、デジタル入出力として使うことはできません。
Arduino IDEはシリアルモニタを備えていて、Arduinoとコミュニケーションすることができます。

→ Serial.begin(speed)

シリアル通信のデータ転送レートをbps(baud)で指定します。bpsはビット/秒です。コンピュータと通信する際は、次のレートから1つを選びます。

300、1200、2400、4800、9600、14400、19200、28800、38400、57600、115200

他の転送レートを必要とするコンポーネントをピン0と1につないで使う場合、上記以外の値を指定することも可能です。

[パラメータ]
 speed:転送レート(int)

[戻り値]
 なし

[例]

```
void setup() {
  Serial.begin(9600);   // 9600bpsでポートを開く
}
```

[補足] Serial.begin(9600, SERIAL_7E1)のように2つ目のパラメータでデータ長、パリティの有無、ストップビットを設定することができます。デフォルトは8bit、パリティなし、1ストップビット(SERIAL_8N1)です。詳しい設定方法についてはIDE付属のリファレンスを参照してください。

● Serial.end()

シリアル通信を終了し、RXとTXを汎用の入出力ピンとして使えるようにします。再度シリアル通信を有効にしたいときは、Serial.begin()をコールしてください。

[パラメータ]
　なし

[戻り値]
　なし

● Serial.available()

シリアルポートに何バイトのデータが到着しているかを返します。すでにバッファに格納されているバイト数で、バッファは64バイトまで保持できます。

[パラメータ]
　なし

[戻り値]
　シリアルバッファにあるデータのバイト数を返します

[例] データを受信し、それをそのまま送信する例です。

```
int incomingByte = 0;  // 受信データ用

void setup() {
  Serial.begin(9600);  // 9600bpsでシリアルポートを開く
}

void loop() {
  if (Serial.available() > 0) { // 受信したデータが存在する
    incomingByte = Serial.read(); // 受信データを読み込む

    Serial.print("I received: "); // 受信データを送りかえす
    Serial.println(incomingByte, DEC);
  }
}
```

➜ Serial.read()

受信データを読み込みます。

[パラメータ]

なし

[戻り値]

読み込み可能なデータの最初の1バイトを返します。-1の場合は、データが存在しません（int）

➜ Serial.flush()

データの送信がすべて完了するまで待ちます。
（Arduino 1.0 より前のバージョンでは受信バッファをクリアする仕様でした）

[パラメータ]

なし

[戻り値]

なし

➜ Serial.print (data, format)

人が読むことのできる形式（ASCIIテキスト）でデータをシリアルポートへ出力します。
この命令は多くの形式に対応しています。数値は1桁ずつASCII文字に変換されます。浮動小数点数の場合は、小数点以下第2位まで出力するのがデフォルトの動作です。バイト型のデータは1文字として送信されます。文字列はそのまま送信されます。

- Serial.print(78) - "78"が出力されます。
- Serial.print(1.23456) - "1.23"が出力されます。
- Serial.print('N') - "N"が出力されます。
- Serial.print("Hello world.") - "Hello world."と出力されます。

オプションの第2パラメータによって基数（フォーマット）を指定できます。BIN（2進数）、OCT（8進数）、DEC（10進数）、HEX（16進数）に対応しています。浮動小数点数を出力する場合は、第2パラメータの数値によって有効桁数を指定できます。

- Serial.print(78, BIN) - "1001110"が出力されます。
- Serial.print(78, OCT) - "116"が出力されます。
- Serial.print(78, DEC) - "78"が出力されます。
- Serial.print(78, HEX) - "4E"が出力されます。
- Serial.println(1.23456, 0) - "1"が出力されます。
- Serial.println(1.23456, 2) - "1.23"が出力されます。
- Serial.println(1.23456, 4) - "1.2346"が出力されます。

[構文]
```
Serial.print(val)
Serial.print(val, format)
```

[パラメータ]
val：出力する値。すべての型に対応しています。
format：基数または有効桁数（浮動小数点数の場合）

[戻り値]
送信したバイト数（long）

[例] 様々なフォーマットでデータを送信します。

```
void setup() {
  Serial.begin(9600);          // 9600bpsでシリアルポートを開く
}

void loop() {
  Serial.print("NO FORMAT");   // 文字列を送信
  Serial.print("\t");          // タブを送信
  Serial.print("DEC");
  Serial.print("\t");
  Serial.print("HEX");
  Serial.print("\t");
  Serial.print("OCT");
  Serial.print("\t");
  Serial.print("BIN");
  Serial.print("\t");

  for(int x=0; x< 64; x++){    // ASCIIコード表を出力
    Serial.print(x);           // ASCIIコードを十進数で出力
    Serial.print("\t");
    Serial.print(x, DEC);      // ASCIIコードを十進数で出力
```

207

```
        Serial.print("\t");
        Serial.print(x, HEX);       // ASCIIコードを十六進数で出力
        Serial.print("\t");
        Serial.print(x, OCT);       // ASCIIコードを八進数で出力
        Serial.print("\t");
        Serial.println(x, BIN);     // ASCIIコードを二進数で出力し改行
        delay(200);
    }
    Serial.println("");       // 改行
}
```

[**TIPS**] Arduino1.0からSerial.print()は非同期化され、送信が完了する前にリターンされます。

→ Serial.println (data, format)

データの末尾にキャリッジリターン (ASCIIコード13あるいは '\r') とニューライン (ASCIIコード10あるいは '\n') を付けて送信します。このコマンドはSerial.print()と同じフォーマットが使えます。

[**パラメータ**]
  data：すべての整数型とString型
  format：dataを変換する方法を指定します (省略可)

[**戻り値**]
  送信したバイト数 (byte)

[**例**] アナログ入力の値を様々なフォーマットで送信します。この例ではデータごとに改行されます。

```
// Analog input
// by Tom Igoe

int analogValue = 0;   // アナログ値を格納する変数

void setup() {

    Serial.begin(9600);  // シリアルポートを9600bpsで開く
}

void loop() {
```

```
  analogValue = analogRead(0); // アナログピン0から読み取る

  Serial.println(analogValue);
  Serial.print(analogValue, DEC);
  Serial.println(analogValue, HEX);
  Serial.println(analogValue, OCT);
  Serial.println(analogValue, BIN);
  delay(10);
}
```

→ Serial.write(val)

シリアルポートにバイナリデータを出力します。1バイトずつ、あるいは複数バイトの送信が可能です。
（数値を表す）文字として送信したい場合は、print()を使ってください。

[構文]
```
Serial.write(val)
Serial.write(str)
Serial.write(buf, len)
```

[パラメータ]
　　val：送信する値（1バイト）
　　str：文字列（複数バイト）
　　buf：配列として定義された複数のバイト
　　len：配列の長さ

[戻り値]
　　送信したバイト数（byte）

[例]

```
void setup() {
  Serial.begin(9600);
}

void loop() {
  Serial.write(45); // 1バイトのデータ(45)を送信
  int n = Serial.write("hello");
}
```

209

⊃ serialEvent()

シリアルポートにデータが届いていると呼び出される関数です。loop関数が1回転するごとに1回実行されます。

Arduino Leonardo、Micro、Esplora では動作しません。

[**例**] 受信した文字列を送り返す

```
String inputString = "";          // 受信した文字
boolean stringComplete = false;  // 受信は完了したか

void setup() {
  Serial.begin(9600);
  inputString.reserve(200);   // 200バイトを確保
}

void loop() {
  // 1行受信したら返信する
  if (stringComplete) {
    Serial.print("echo: ");
    Serial.println(inputString);
    // 変数をクリア
    inputString = "";
    stringComplete = false;
  }
}

void serialEvent() {
  while (Serial.available()) {
    char inChar = (char)Serial.read(); // 1バイトずつ読み込む
    inputString += inChar;   // それを追記していく
    // newlineを受信したらフラグをたてる
    if (inChar == '\n') {
      stringComplete = true;
    }
  }
}
```

ライブラリ

ライブラリは Arduino 言語を拡張するソフトウェア集です。多くの開発者が、便利なライブラリを開発し、公開してくれています。ここでは Arduino IDE に付属している標準ライブラリから、一部のよく使うものを解説します。標準ライブラリの他にも、有志の手で開発されたたくさんのライブラリが存在します。

ライブラリの使い方

インストール済みのライブラリを使用するときは、[Sketch] メニューの [Import Library] を実行し、表示されたリストから目的のライブラリを選択します。すると、#include 文がスケッチの先頭に挿入され、ライブラリが使用可能になります。
ライブラリはスケッチとともに Arduino ボードにアップロードされるため、メモリが消費されます。必要としないライブラリの #include 文は削除してください。

EEPROM

Arduino ボードが搭載するマイクロコントローラは EEPROM と呼ばれるメモリを持っています。EEPROM は（まるで小さなハードディスクのように）電源を切っても内容が消えません。その容量は機種によって異なり、ATmega168 は 512 バイト、ATmega328P は 1KB、ATmega1280 と ATmega2560 は 4KB です。このライブラリは EEPROM に対する書き込みと読み込みを可能にします。

➔ EEPROM.read (address)

EEPROM から 1 バイト読み込みます。

[パラメータ]
　　address：読み取る位置。0 以上の値（int）

211

[戻り値]

指定したアドレスの値 (byte)

[例] EEPROMの値を0番地から順に1バイトずつ読み取り、シリアルで送信します。

```
#include <EEPROM.h>

int a = 0;
int value;

void setup() {
  Serial.begin(9600);
}

void loop() {
  value = EEPROM.read(a);

  Serial.print(a);
  Serial.print("\t");
  Serial.print(value);
  Serial.println();

  a = a + 1;
  if (a == 512) a = 0;

  delay(500);
}
```

➔ EEPROM.write (address, value)

EEPROMに1バイト書き込みます。

[パラメータ]

address：書き込む位置。0以上の値 (int)
value：書き込む値。0から255 (byte)

[戻り値]

なし

212   **Arduinoをはじめよう | 標準ライブラリ**

[**例**] EEPROMのアドレス0〜511に、アドレスと同じ値を書き込みます。

```
#include <EEPROM.h>

void setup() {
  for (int i = 0; i < 512; i++)
    EEPROM.write(i, i);
}

void loop() {}
```

[**補足**] EEPROMへの書き込みには3.3ミリ秒かかります。
EEPROMの書込/消去は100,000回で寿命に達します。頻繁に書き込みを行う場合は注意してください。

SoftwareSerial

ソフトウェアシリアルライブラリはArduinoボードの0〜1番以外のピンを使ってシリアル通信を行うために開発されました。本来ハードウェアで実現されている機能をソフトウェアによって複製したので、SoftwareSerialと名付けられました。

➡ ソフトウェアシリアルのサンプルコード

[**例**] ソフトウェアシリアルのごく基本的な使用例です。ソフトウェアシリアルとハードウェアシリアルを同時に使っています。ソフトウェアシリアルはピン10で受信し、ピン11から送信します。

```
#include <SoftwareSerial.h>

SoftwareSerial mySerial(10, 11); // RX, TX

void setup() {
  Serial.begin(57600); // ハードウェアシリアルを準備
  while (!Serial) {
    ; // シリアルポートの準備ができるのを待つ (Leonardoのみ必要)
  }
  Serial.println("Ready");
```

```
    mySerial.begin(4800);  // ソフトウェアシリアルの初期化
    mySerial.println("Hello, world?");
}

void loop() {
    if (mySerial.available())
        Serial.write(mySerial.read());
    if (Serial.available())
        mySerial.write(Serial.read());
}
```

➔ SoftwareSerial (rxPin, txPin)

SoftwareSerial(rxPin, txPin)をコールすると、新しいSoftwareSerialオブジェクトが作成されます。上記の例のように、そのオブジェクトに名前を付ける必要があります。
SoftwareSerial.begin()を実行することも必要です。
複数のポートを同時に開くことができますが、受信できるのは1度にひとつのポートだけです。

[パラメータ]
    rxPin：データを受信するピン
    txPin：データを送信するピン

[補足] Leonardoでrxピンに指定できるのは次のピンです
8、9、10、11、14、15、16.
Arduino Megaでrxピンに設定できるのは次のピンです
10、11、12、13、50、51、52、53、62、63、64、65、66、67、68、69

➔ SoftwareSerial: begin (speed)

シリアル通信のスピード（ボーレート）を設定します。サポートされているのは次の値です。
300、1200、2400、4800、9600、14400、19200、28800、31250、38400、57600、
115200

[パラメータ]
    speed：ボーレート (long)

[戻り値]
    なし

214   Arduinoをはじめよう | 標準ライブラリ

➔ SoftwareSerial: available()

ソフトウェアシリアルポートのバッファに何バイトのデータが到着しているかを返します。

[パラメータ]

なし

[戻り値]

バッファにあるデータのバイト数を返します

➔ SoftwareSerial: isListening()

ソフトウェアシリアルポートが受信状態にあるかを調べます。

[パラメータ]

なし

[戻り値]

受信状態ならば true (boolean)

➔ SoftwareSerial: overflow()

バッファのオーバーフローが発生していないかを調べます。ソフトウェアシリアルのバッファサイズは64バイトです。

[パラメータ]

なし

[戻り値]

オーバーフロー発生ならば true (boolean)

➔ SoftwareSerial: read()

受信した文字を返します。同時に複数のSoftwareSerialで受信することはできません。listen()を使って、ひとつ選択する必要があります。

[パラメータ]
　なし

[戻り値]
　読み込んだ文字（データがないときは -1）

SoftwareSerial: print(data)

ソフトウェアシリアルポートに対してデータを出力します。Serial.print()と同じ機能です。

[パラメータ]
　多くの種類があります。Serial.print()の項を参照してください。

[戻り値]
　送信したバイト数（byte）

SoftwareSerial: println(data)

ソフトウェアシリアルポートに対してデータを出力します。Serial.println()と同じ機能です。

[パラメータ]
　多くの種類があります。Serial.println()の項を参照してください。

[戻り値]
　送信したバイト数（byte）

SoftwareSerial: listen()

指定したソフトウェアシリアルポートを受信状態（listen）にします。同時に複数のポートを受信状態にすることはできません。

[パラメータ]
　なし

[戻り値]
　なし

⮕ SoftwareSerial: write(data)

ソフトウェアシリアルポートに対してデータを出力します。Serial.println()と同じ機能です。

[パラメータ]

Serial.write()の項を参照してください。

[戻り値]

送信したバイト数 (byte)

Stepper

ユニポーラおよびバイポーラのステッパモータをコントロールするためのライブラリです。このライブラリを利用するには、ステッパモータと制御のための適切なハードウェアが必要です。

⮕ Stepperライブラリのサンプルコード

[例] アナログ入力0に接続されたポテンショメータの回転に追随して、ステッパモータが回ります。ピン8、9、10、11に接続された、ユニポーラまたはバイポーラのモータをコントロールします。

```
#include <Stepper.h>

#define STEPS 100      // 使用するモータのステップ数

// ピン番号を指定して、stepperクラスのインスタンスを生成
Stepper stepper(STEPS, 8, 9, 10, 11);

int previous = 0;      // アナログ入力の前回の読み

void setup() {
  stepper.setSpeed(30);          // スピードを30RPMに
}

void loop() {
  int val = analogRead(0);       // センサの値を取得
  stepper.step(val - previous);  // センサが変化した量だけ動かす
```

217

```
    previous = val;        // センサの値を残しておく
}
```

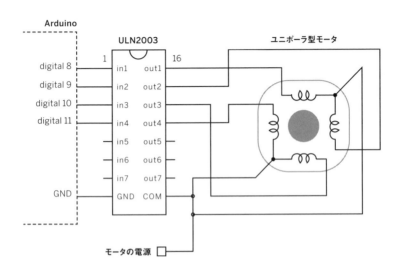

図II-3 ステッパモータの接続例

● Stepper (steps, pin1, pin2, pin3, pin4)

この関数は、Arduinoボードに接続されているステッパモータを表すStepperクラスのインスタンスを新たに生成します。スケッチの先頭部分、setup()とloop()より上で使ってください。パラメータの数は接続したモータが2ピンか4ピンかによります。

[パラメータ]
 steps：1回転あたりのステップ数(int)。数値がステップごとの角度で与えられている場合は、360をその数値で割ってください。例：360/3.6で100ステップ

 pin1、pin2：モータに接続されているピンの番号
 pin3、pin4：（オプション）4ピンのモータの場合

[戻り値]
 作成されたインスタンス

[例]

```
Stepper myStepper = Stepper(100, 5, 6);
```

➔ Stepper: setSpeed(rpms)

モータの速さを毎分の回転数(RPM)で設定します。この関数はモータを回転させることはありません。step()をコールしたときのスピードをセットするだけです。

[パラメータ]

rpms：スピード。1分間あたり何回転するかを示す正の数（long）

[戻り値]

なし

➔ Stepper: step(steps)

setSpeed()で設定した速さで、指定したステップ数だけモータを回します。この関数はモータが止まるのを待ちます。もし、スピードを1RPMに設定した状態で、100ステップのモータに対してstep(100)とすると、この関数が終了するまでまるまる1分間かかります。上手にコントロールするためには、スピードを大きく設定し、数ステップずつ動かしたほうがいいでしょう。

[パラメータ]

steps：モータが回転する量（ステップ数）。負の値を指定することで逆回転も可能です（int）

[戻り値]

なし

Wire

このライブラリはI2C（TWI）デバイスとの通信を可能にします。Arduino Uno R3のレイアウトでは、SDA（データ線）とSCL（クロック線）という2つのピンがAREFの隣にあり、このピンにI2Cデバイスを接続することができます。
汎用ピンをSDAとSCLとして使うこともでき、その場合は下記のピンを使います。

219

	SDA	SCL
Uno	A4	A5
Leonardo	2	3

I2Cアドレスには7ビットと8ビットのバージョンがあります。7ビットでデバイスを特定し、8番目の
ビットで書き込みか読み出しかを指定します。Wireライブラリは常に7ビットのアドレスを使用する
ので、8ビットアドレスを使うサンプルコードやデータシートに対応する場合は、最下位のビットを(1
ビットの右シフトで)落とし、0から127の範囲へ変更することになるでしょう。

....

➋ Wire.begin(address)

Wireライブラリを初期化し、I2Cバスにマスタかスレーブとして接続します。

[パラメータ]

　address:7ビットのスレーブアドレス。省略した場合は、マスタとしてバスに接続します。

[戻り値]

　なし

....

➋ Wire.requestFrom(address, quantity, stop)

他のデバイスにデータを要求します。そのデータは available() と receive() を使って取得
します。
Arduino1.0.1で3つ目のパラメータ(省略可)が追加され、一部のI2Cデバイスとの互換性が
高まりました。

[パラメータ]

　address:データを要求するデバイスのアドレス(7ビット)
　quantity:要求するデータのバイト数
　stop(省略可):trueに設定するとstopメッセージをリクエストのあと送信し、I2Cバスを開放
　します(デフォルト)。falseに設定するとrestartメッセージをリクエストのあと送信し、バス
　を開放しないことで他のマスタデバイスがメッセージ間にリクエストを出すのを防ぎます。

[戻り値]

　なし

➜ Wire.beginTransmission(address)

指定したアドレスのI2Cスレーブに対して送信処理を始めます。この関数の実行後、write() でデータをキューへ送り、endTransmission() で送信を実行します。

[パラメータ]

  address：送信対象のアドレス（7ビット）

[戻り値]

  なし

➜ Wire.endTransmission(stop)

スレーブデバイスに対する送信を完了します。
Arduino1.0.1でstopパラメータ（省略可）が追加され、一部のI2Cデバイスとの互換性が高まりました。

[パラメータ]

  stop（省略可）：trueに設定するとstopメッセージをリクエストのあと送信し、I2Cバスを開放します（デフォルト）。falseに設定するとrestartメッセージをリクエストのあと送信し、コネクションを維持します。

[戻り値]

  送信結果（byte）
  0：成功
  1：送ろうとしたデータが送信バッファのサイズを超えた
  2：スレーブ・アドレスを送信し、NACKを受信した
  3：データ・バイトを送信し、NACKを受信した
  4：その他のエラー

➜ Wire.write(value)

スレーブデバイスがマスタからのリクエストに応じてデータを送信するときと、マスタがスレーブに送信するデータをキューに入れるときに使用します。beginTransmission()とendTransmission()の間で実行します。

［構文］

```
Wire.write(value)
Wire.write(string)
Wire.write(data, length)
```

［パラメータ］

value：送信する1バイトのデータ(byte)

string：文字列

data：配列

length：送信するバイト数

［戻り値］

送信したバイト数 (byte)

［例］I2Cデバイスに対して送信する例です。使用するデバイスのアドレスはデータシートで確認が必要です（この例では44 = 0x2c）。

```
#include <Wire.h>

byte val = 0;

void setup() {
  Wire.begin(); // I2Cバスに接続
}

void loop() {
  Wire.beginTransmission(44); // アドレス44(0x2c)のデバイスに送信
  Wire.write(val);            // 1バイトをキューへ送信
  Wire.endTransmission();     // 送信完了

  delay(500);
}
```

● Wire.available()

read()で読み取ることができるバイト数を返します。マスタデバイスでは requestFrom()が呼ばれた後、スレーブでは onReceive()ハンドラの中で実行します。

［パラメータ］

なし

222　　Arduinoをはじめよう | 標準ライブラリ

［戻り値］
　読み取り可能なバイト数

⮕ Wire.read()

マスタデバイスでは、requestFrom()を実行したあと、スレーブから送られてきたデータを読み取るときに使用します。スレーブがマスタからのデータを受信するときにも使用します。

［パラメータ］
　なし

［戻り値］
　受信データ（byte）

［例］マスタがスレーブからのデータを受信する例です。

```
#include <Wire.h>

void setup() {
  Wire.begin();
  Serial.begin(9600);
}

void loop() {
  Wire.requestFrom(2, 6);      // デバイス(アドレス=2)に対し6バイトを要求

  while(Wire.available())  {   // 要求より短いデータが来る可能性あり
    char c = Wire.read();      // 1バイトを受信
    Serial.print(c);
  }
  delay(500);
}
```

⮕ Wire.onReceive(handler)

スレーブデバイスで、マスタからデータが送られてきたときに呼ばれる関数を登録します。

223

[パラメータ]

handler：スレーブがデータを受信したときに呼ばれる関数の名前。呼ばれる関数は int 型の引数（マスタから受信したデータのバイト数）を1つ取ります。例：void myHandler(int numBytes)

[戻り値]

なし

➜ Wire.onRequest(handler)

スレーブデバイスで、マスタからデータのリクエストが来たときに呼ばれる関数を登録します。

[パラメータ]

handler：呼ばれる関数の名前。呼ばれる関数に引数と戻り値はありません

[戻り値]

なし

SPI

Serial Peripheral Interface（SPI）バスに接続されたデバイスとの通信に使用します。
SPIは、マイクロコントローラに1つあるいは複数のデバイスを接続する目的で使われる、短距離用の簡便な同期通信プロトコルです。SPIは2つのマイコン間での通信にも使用されます。
SPIによる接続では、周辺のデバイスをコントロールするマスタデバイス（通常はマイコン）が必ず1つだけ存在します。デバイス間を3本の線で接続するのが典型的な使い方です。

- Master In Slave Out（MISO）- スレーブ（周辺デバイス）からマスタへデータを送るライン
- Master Out Slave In（MOSI）- マスタからスレーブへデータを送るライン
- シリアルクロック（SCK）- データ転送を同期させるため、マスタにより生成されるクロック信号
- スレーブ選択ピン（Slave Select pin）- 各デバイスは、（上記の信号線以外に）マスタがどのデバイスを有効にするか指定するためのピンを持っています。このピンが low の場合、マスタとの通信が有効になります。high の場合、マスタからのデータを無視します。これにより複数の SPI デバイスが3本の信号線を共有できます。

SPIデバイスに対応するコードを書くときは、いくつかの決まり事を考慮してください。

224　　Arduinoをはじめよう | 標準ライブラリ

- ビットオーダーはLSBFIRSTかMSBFIRSTか？（SPI.setBitOrderを使って指定します）
- アイドリング状態を示すクロック信号はhighかlowか？（SPI.setDataModeで指定します）
- サンプリングはクロックの立ち上がりエッジか、立ち下がりエッジか？（SPI.setDataModeで指定します）
- SPIの動作スピード（SPI.setClockDividerで指定します）

SPIはあまり厳密なものではなく、デバイスごとの実装はわずかながら異なっています。新たなデバイスに対応するコードを書くときは、データシートをよく読んでください。

一般的には4種類の転送モードが使われます。これらのモードは、クロック位相（clock phase）とクロック極性（clock polarity）という2つの要素で決定され、クロック位相はシフトされたデータを読み取るタイミング（立ち上がりエッジか立ち下がりエッジか）、クロック極性はアイドリング状態のときのクロックの状態（highかlowか）を示します。この設定はSPI.setDataMode()を使って行います。パラメータの組み合わせは次の表のとおりです。

Mode	Clock Polarity (CPOL)	Clock Phase (CPHA)
0	0	0
1	0	1
2	1	0
3	1	1

SPIパラメータを正しくセットしたあとは、データシートを見ながら、デバイスの機能とそれを制御するレジスタの使い方を調べていくことになるでしょう。

［接続］

SPI通信で使われるピンは次のとおりです。

	MOSI	MISO	SCK	SS
Uno	11	12	13	10
Leonardo	ICSP4	ICSP1	ICSP3	-

SSピンは使わない場合でも出力状態のままにしておく必要があります。そうしないと、SPIインタフェイスがスレーブモードに移行し、ライブラリが動作しなくなります。

10番以外のピンをスレーブ選択（SS）ピンとして使うことができます。たとえば、Ethernet shieldはピン4をオンボードのSDカードの制御に使い、ピン10をEthernetコントローラに割り当てています。

［例］

BarometricPressureSensor: SPIを使って気圧と温度を読み取る例です。

http://arduino.cc/en/Tutorial/BarometricPressureSensor

SPIDigitalPot: デジタルポテンショメータを使う例です。

http://arduino.cc/en/Tutorial/SPIDigitalPot

⮕ SPI.begin()

SPIバスを初期化します。SCK、MOSI、SSの各ピンは出力に設定され、SCKとMOSIはlow
に、SSはhighとなります。

［パラメータ］

なし

［戻り値］

なし

⮕ SPI.end()

SPIバスを無効にします。各ピンの設定は変更されません。

［パラメータ］

なし

［戻り値］

なし

⮕ SPI.setBitOrder(order)

SPIバスの入出力に使用するビットオーダーを設定します。LSBFIRST(least-significant
bit first)かMSBFIRST(most-significant bit first)のどちらかを選択してください。

［パラメータ］

order : LSBFIRST または MSBFIRST

［戻り値］

なし

➜ SPI.setClockDivider(divider)

SPIクロック分周器(divider)を設定します。分周値は2、4、8、16、32、64、128のいずれ
かで、デフォルトは4(SPI_CLOCK_DIV4)です。これはSPIクロックをシステムクロックの1/4に
設定するという意味です。

[パラメータ]
　divider:
　　SPI_CLOCK_DIV2
　　SPI_CLOCK_DIV4
　　SPI_CLOCK_DIV8
　　SPI_CLOCK_DIV16
　　SPI_CLOCK_DIV32
　　SPI_CLOCK_DIV64
　　SPI_CLOCK_DIV128

[戻り値]
　なし

➜ SPI.setDataMode(mode)

SPIの転送モードを設定します。このモードはクロック極性とクロック位相の組み合わせで決定さ
れます。

[パラメータ]
　mode:
　　SPI_MODE0
　　SPI_MODE1
　　SPI_MODE2
　　SPI_MODE3

[戻り値]
　なし

➜ SPI.transfer(value)

SPIバスを通じて1バイトを転送します。送信と受信の両方で使用します。

[パラメータ]

value：転送するバイト

[戻り値]

受信したバイト

Servo

このライブラリはRCサーボモータの制御に用います。標準的なサーボに対しては0から180度の範囲でシャフトの位置（角度）を指定することができます。連続回転（continuous rotation）タイプのサーボに対しては回転スピードを設定します。
ServoライブラリはほとんどのArduinoボードで最大12個のサーボをサポートしますが、Arduino Mega以外のボードではピン9と10のPWM機能が無効になります。

➔ attach(pin)

サーボ変数をピンに割り当てます。

[構文]
```
servo.attach(pin)
servo.attach(pin, min, max)
```

[パラメータ]
servo：Servo型の変数
pin：サーボを割り当てるピンの番号（9または10）
min（オプション）：サーボの角度が0度のときのパルス幅（マイクロ秒）。デフォルトは544
max（オプション）：サーボの角度が180度のときのパルス幅（マイクロ秒）。デフォルトは2400

➔ write(angle)

サーボの角度をセットし、シャフトをその方向に向けます。
連続回転（continuous rotation）タイプのサーボでは、回転のスピードが設定されます。0にするとフルスピードで回転し、180にすると反対方向にフルスピードで回転します。90のときは停止します。

[パラメータ]

servo：Servo型の変数

angle：サーボに与える値（0から180）

[例] ピン9に接続されたサーボを90度にセットします。

```
#include <Servo.h>

Servo myservo;

void setup() {
  myservo.attach(9);
  myservo.write(90);
}

void loop() {}
```

⮞ writeMicroseconds(uS)

サーボに対しマイクロ秒単位で角度を指定します。標準的なサーボでは、1000で反時計回りにいっぱいまで振れます。2000で時計回りいっぱいです。1500が中間点の値です。

製品によっては、この範囲に収まらず700 ～ 2300といった値を取るものもあります。パラメータを増減させて端の位置を確認するのはかまいませんが、サーボから唸るような音がしたら、それ以上回すのはやめておきましょう。

連続回転タイプのサーボでは、write()関数と同様に作用します。

[パラメータ]

uS：マイクロ秒（int）

[戻り値]

なし

⮞ read()

現在のサーボの角度（最後にwriteした値）を読み取ります。

[パラメータ]

なし

［戻り値］

サーボの角度（0度から180度）

➔ attached()

ピンにサーボが割り当てられているかチェックします。

［パラメータ］

なし

［戻り値］

サーボが割り当てられているときは true、そうでなければ false を返します。

➔ detach()

ピンを解放します。すべてのサーボを解放すると、ピン9とピン10をPWM出力として使えるように
なります。

［パラメータ］

なし

［戻り値］

なし

Firmata

Firmataライブラリにより、ホストコンピュータ上のソフトウェアとFirmataプロトコルを使ってコ
ミュニケーションできます。自前のプロトコルやオブジェクトを作らずに、カスタムファームウェアを
書くことができます。

［メソッド］

begin()：ライブラリをスタートします。

begin(long)：指定したボーレートでライブラリをスタートします。

printVersion()：ホストコンピュータにプロトコルのバージョンを送信します。

blinkVersion()：pin13を点滅させてプロトコルのバージョンを表示します。

printFirmwareVersion():ファームウェアの名前とバージョンをホストコンピュータに送信します。

setFirmwareVersion(byte major, byte minor):ファームウェアの名前とバージョンを、スケッチのファイル名から".pde"を除いたものを使って設定します。

［メッセージ送信］

sendAnalog(byte pin, int value):アナログメッセージを送信します。

sendDigitalPorts(byte pin, byte firstPort, byte secondPort):デジタルポートの状態を独立したバイトとして送信します。

sendDigitalPortPair(byte pin, int value):デジタルポートの状態をintとして送信します。

sendSysex(byte command, byte bytec, byte* bytev):任意長のバイト配列としてコマンドを送信します。

sendString(const char* string):文字列をホストコンピュータへ送信します。

sendString(byte command, const char* string):コマンドタイプを指定して文字列をホストコンピュータへ送信します。

［メッセージ受信］

available():バッファに受信したメッセージがあるかチェックします。

processInput():バッファから受信したメッセージを取り出し、登録したコールバック関数へ送ります。

attach(byte command, callbackFunction myFunction):受信メッセージのタイプと関数を対応付けます。

detach(byte command):受信メッセージのタイプと関数の対応を解消します。

［コールバック関数］

関数とメッセージタイプを対応づけるためには、その関数がコールバック関数の標準に適合している必要があります。firmataには3タイプのコールバック関数(generic、string、sysex)があります。

generic:void callbackFunction(byte pin, int value);

system_reset:void systemResetCallbackFunction(void);

string:void stringCallbackFunction(char *myString);

sysex:void sysexCallbackFunction(byte pin, byte byteCount, byte *arrayPointer);

［メッセージタイプ］

関数に添付できるメッセージは次のとおりです。

DIGITAL_MESSAGE:8ビットのデジタルピンのデータ(1ポート)

ANALOG_MESSAGE:あるピンのアナログ値

REPORT_ANALOG:アナログピンの情報(enable/disable)

REPORT_DIGITAL:デジタルピンの情報(enable/disable)

SET_PIN_MODE:ピンモードの変更(INPUT/OUTPUT/PWMなど)

FIRMATA_STRING:C言語スタイルの文字列で、stringCallbackFunctionを使用します

231

SYSEX_START：任意長のメッセージで、sysexCallbackFunctionを使用します（MIDI
SysEx protocolより）
SYSTEM_RESET：ファームウェアをデフォルトの状態へ戻すためのメッセージで、systemRese
tCallbackFunctionを使用します

[**サンプルコード**]
　Firmataを使ってアナログデータの送受信をする例です。

```
#include <Firmata.h>

byte analogPin;
void analogWriteCallback(byte pin, int value) {
  pinMode(pin,OUTPUT);
  analogWrite(pin, value);
}

void setup() {
  Firmata.setFirmwareVersion(0, 1);
  Firmata.attach(ANALOG_MESSAGE, analogWriteCallback);
  Firmata.begin();
}

void loop() {
  while(Firmata.available()) {
    Firmata.processInput();
  }
  for(analogPin = 0; analogPin < TOTAL_ANALOG_PINS;
    analogPin++) {
    Firmata.sendAnalog(analogPin, analogRead(analogPin));
  }
}
```

LiquidCrystal

このライブラリを使うことで、Hitachi HD44780とその互換チップセットをベースにしたLCDを制御できます。4ビットと8ビット両方のモードをサポートしています。

⮕ LiquidCrystal()

LiquidCrystal型の変数を生成します。
液晶ディスプレイは4本または8本のデータラインでコントロールされます。RWピンをArduinoボードの端子につなぐかわりにGNDに接続すれば、引数を省略することができます。

[構文]

```
LiquidCrystal(rs, enable, d4, d5, d6, d7)
LiquidCrystal(rs, rw, enable, d4, d5, d6, d7)
LiquidCrystal(rs, enable, d0, d1, d2, d3, d4, d5, d6, d7)
LiquidCrystal(rs, rw, enable, d0, d1, d2, d3, d4, d5, d6, d7)
```

[パラメータ]

rs：LCDのRSピンに接続するArduino側のピン番号
rw：LCDのRWピンに接続するArduino側のピン番号
enable：LCDのenableピンに接続するArduino側のピン番号
d0～d7：LCDのdataピンに接続するArduino側のピン番号

d0～d3はオプションで、省略すると4本のデータライン (d4～d7) だけで制御します。

[例] 液晶ディスプレイを初期化し、hello, world!を表示します。

```
#include <LiquidCrystal.h>

LiquidCrystal lcd(12, 11, 10, 5, 4, 3, 2);

void setup() {
  lcd.begin(16,1);
  lcd.print("hello, world!");
}

void loop() {}
```

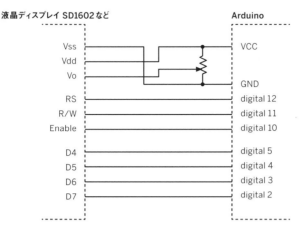

図II-4 4本のデータラインを使う接続例

● begin(cols, rows)

ディスプレイの桁数と行数を指定します。

[パラメータ]
　cols：桁数（横方向の字数）
　rows：行数

● clear()

LCDの画面をクリアし、カーソルを左上の角に移動させます。

● home()

カーソルを左上の角へ移動します。続くテキストはその位置から表示されます。画面をクリアしたいときは、clear()を使用します。

➔ setCursor(col, row)

カーソルの位置を指定します。続くテキストは、その位置から表示されます。

[パラメータ]
  col：桁（0が左端）
  row：行（0が1行目）

➔ write(data)

文字をLCDに表示します。

[パラメータ]
  data：表示したい文字

[例] シリアルで受信した文字をLCDに表示します。

```
#include <LiquidCrystal.h>

LiquidCrystal lcd(12, 11, 10, 5, 4, 3, 2);

void setup() {
  Serial.begin(9600);
}

void loop() {
  if (Serial.available()) {
    lcd.write(Serial.read());
  }
}
```

➔ print(data)

テキストをLCDに表示します。

[パラメータ]
  data：表示したいデータ（char、byte、int、long、stringの各型）
  BASE（オプション）：数値を表示する際の基数（BIN、DEC、OCT、HEX）

235

[**例**] hello, world!を表示します。

```
#include <LiquidCrystal.h>

LiquidCrystal lcd(12, 11, 10, 5, 4, 3, 2);

void setup() {
  lcd.print("hello, world!");
}

void loop() {}
```

→ createChar(num, data)

LCDに表示するカスタムキャラクタを作成します。5×8ピクセルのキャラクタを8種類まで追加
することができ、write()でその番号を指定すると表示されます。

[**パラメータ**]
  num:キャラクター番号（0 ～ 7）
  data:ピクセルデータの配列

[**例**] スマイリーを定義して液晶ディスプレイに表示

```
#include <LiquidCrystal.h>

LiquidCrystal lcd(12, 11, 5, 4, 3, 2);

// 2進数で5×8ドットの画像を定義
byte smiley[8] = {
  B00000,
  B10001,
  B00000,
  B00000,
  B10001,
  B01110,
  B00000,
};

void setup() {
  lcd.createChar(0, smiley);
```

236　　Arduinoをはじめよう | 標準ライブラリ

```
  lcd.begin(16, 2);
  lcd.write(byte(0));   // byte型へキャストしている
}

void loop() {}
```

索引
Index

記号

-	146
--	158
-=	158
;	040, 142
!	149
!=	137
"	160
'	160
[]	172
{}	030, 136, 143
*	146, 165
*=	158
/	146
/*…*/	144
//	031, 144
/=	158
&	149
&&	054, 148
&=	159
#define	145
#include	145, 211
%	147
^	152
+	146, 172
++	158
+=	158
<	137
<<	153
<=	137
=	039, 041, 148
==	039, 137, 172
>	137
>=	137
>>	153
|	150
|=	159
||	149
~	152
μ (マイクロ)	126
μF (マイクロファラド)	126
Ω	125

数字

10進数	174
16進数	075, 174
1N4148	095
2N7000	095
2進数	174
8進数	174

A

A (アンペア)	036
abs()	195
AC電源	088
ANALOG IN	055
analogRead()	184
analogReference()	186
analogWrite()	050, 185
Arduino	001
IDE (開発環境)	001
IDEのインストール	020
ハードウェア	017
ピン	018
Arduino Leorardo	063
Unoとの違い	064, 070
キーボード	065

238　Arduinoをはじめよう | 索引

マウス ･･････････････････････････ 067
Arduino Micro ･････････････････ 063
Arduino Uno ･･･････････････････ 018
Arduino Yún ･･････････････････ 063
AREFピン ･･････････････････････ 186
ATmega168/328Pのピン配置 ･･････ 156
ATmega16U2 ･･････････････････ 063
ATMega328P ･･････････････ 017, 063
ATmega32U4 ･･････････････････ 063
Aton (ランプ) ･････････････････ 073
attach() ･･･････････････････････ 228
attached() ･････････････････････ 230
attachInterrupt() ･･････････････ 201
avr-gcc ･･･････････････････････ 020

B

begin() ･･･････････････････････ 234
boolean ･･･････････････････････ 160
break文 ･･･････････････････････ 140
byte ･･････････････････････････ 161

C

CdS ･･････････････････ 026, 054, 128
char ･･････････････････････････ 160
clear() ･･･････････････････････ 234
const ･････････････････････････ 177
constrain() ････････････････････ 195
continue文 ････････････････････ 140
cos() ･････････････････････････ 198
createChar() ･･････････････････ 236
C言語 ･････････････････････････ 020

D

DC電源 ･･･････････････････････ 088
delay() ･･･････････････････ 033, 193
delayMicroseconds() ･･････････ 193
detach() ･･････････････････････ 230
detachInterrupt() ･････････････ 202

DHT11 ･･･････････････････････ 101
digitalRead() ･･････ 036, 055, 183, 032,
183
double ･･･････････････････････ 164
do文 ･･････････････････････････ 140
DS1307 ･･････････････････････ 090
DS2E-S-DC5V ･････････････････ 093

E

EEPROM.read() ･････････････････ 211
EEPROM.write() ････････････････ 212
EEPROMライブラリ ･･････････････ 211
expectValveSettings() ･･････････ 106

F

F() ････････････････････････････ 180
F (ファラド) ････････････････････ 126
false ･････････････････････････ 172
Firmataライブラリ ･･････････････ 230
float ･････････････････････････ 163
for文 ･････････････････････････ 138

G

GND ･･････････････････････ 038, 129
goto文 ････････････････････････ 142

H

HIGH ･･････････････････････ 032, 172
home() ･･･････････････････････ 234
HTML ･････････････････････････ 075

I

I2C ････････････････････････････ 070
ICSP ･･････････････････････････ 070
IDE ････････････････････････････ 001
　インストール ･･････････････････ 020

239

if else 文 ················· 137	micros() ······················· 192
if 文 ·················· 039, 136	millis() ··············· 054, 191
IKEA	min() ··························· 194
テーブルランプ ············· 083	MOSFET ········ 060, 094, 096
INPUT ·························· 173	Mouse.move() ·············· 070
INPUT_PULLUP ············· 173	
int ·························· 161	
interrupts() ················· 203	**N**
	n (ナノ) ······················ 126
K	nointerruputs() ·············· 203
	noTone() ····················· 188
K (キロ) ······················ 126	
Keyboard.begin() ············ 066	**O**
Keyboard.print() ············· 066	
Keyboard.println() ··········· 066	OUTPUT ····················· 173
L	**P**
	p (ピコ) ······················ 126
LCD ·························· 233	pF (ピコファラド) ·············· 126
LED ·············· 026, 050, 128	pinMode() ············· 032, 182
RGB LED ················· 083	PORTD ······················· 151
アノード／カソード ·········· 026	pow() ························· 197
極性 ······················ 050	print() ······················· 235
LiquidCrystal() ·············· 233	Processing ········ 001, 020, 059, 075
LiquidCrystal ライブラリ ········· 233	PROGMEM ···················· 178
long ·························· 162	proxy ························· 075
loop() ················· 031, 135	pulseIn() ····················· 190
LOW ·················· 032, 172	Pure Data ···················· 008
L フォーマッタ ················· 174	PWM ························· 185
M	**R**
	RAM ·························· 040
m (ミリ) ······················ 126	ramdom() ···················· 200
M (メガ) ······················ 126	ramdomSeed() ··············· 199
Mac	Read-Modify-Write ··········· 151
IDE のインストール ·········· 020	read() ······················· 229
ドライバの設定 ·············· 021	return 文 ····················· 141
ポートの確認 ·········· 021, 080	RSS ·························· 075
map() ························· 196	RTC (Real Time Clock) ········ 088
Max ·························· 008	
max() ························· 195	

RX ·································· 030

S

Serial.available() ···················· 205
Serial.begin() ······················· 204
Serial.end() ························· 205
serial.Event() ······················· 210
Serial.flush() ······················· 206
Serial.parseInt() ···················· 104
Serial.print() ······················· 206
Serial.println() ····················· 208
Serial.read() ······················· 206
Serial.write() ······················· 209
SerialMonitor ボタン ················· 059
Servo ライブラリ ····················· 228
setCursor() ························· 235
setup() ······················· 031, 135
shiftIn() ··························· 190
shiftOut() ·························· 188
sin() ······························ 198
sizeof() ···························· 181
SNIFFIN' GLUE ····················· 011
SoftwareSerial ······················ 213
SoftwareSerial: available() ··········· 215
SoftwareSerial: begin() ············· 214
SoftwareSerial: isListening() ········ 215
SoftwareSerial: listen() ············· 216
SoftwareSerial: overflow() ·········· 215
SoftwareSerial: print() ·············· 216
SoftwareSerial: println() ············ 216
SoftwareSerial: read() ·············· 215
SoftwareSerial: write() ············· 217
SoftwareSerial() ···················· 214
SPI.begin() ························· 226
SPI.end() ·························· 226
SPI.setBitOrder() ··················· 226
SPI.setBitOrder() ··················· 227
SPI.setClockDivider() ··············· 227
SPI.setDataMode() ·················· 227
SPI 通信 ···························· 224

SPI ライブラリ ······················· 224
sqrt() ····························· 197
static ···························· 175
Stepper: setSpeed() ················ 219
Stepper: step() ····················· 219
Stepper() ·························· 218
Stepper ライブラリ ··················· 217
string.charAt() ····················· 169
string.compareTo() ·················· 169
string.concat() ····················· 169
string.endsWith() ··················· 169
string.equals() ····················· 169
string.equalsIgnoreCase() ·········· 169
string.getBytes() ··················· 169
string.indexOf() ···················· 170
string.lastindexOf() ················· 170
string.length() ····················· 170
string.println() ···················· 171
string.replace() ···················· 170
string.setCharAt() ·················· 170
string.startsWith() ·················· 170
string.substring() ··················· 170
String() ··························· 168
String クラス ······················· 168
switch case 文 ······················ 138

T

tan() ····························· 198
tinkering ······················· viii, 007
TinyRTC ···························· 090
tone() ····························· 187
true ······························ 172
TX ······························· 030

U

unsigned int ······················· 162
unsigned long ······················ 163
Upload ボタン ······················· 029
USB インタフェイス ··················· 063

241

U フォーマッタ ……………………… 174

V

V（ボルト） ………………………… 036
Verify ボタン ……………………… 029
void ………………………………… 167
volatile …………………………… 177
VVVV ……………………………… 008

W

while 文 …………………………… 140
Windows
　COM ポート ……………… 023, 121
　IDE のインストール …………… 022
　ドライバのインストールの失敗 … 120
　ドライバの設定 ………………… 022
　トラブルシューティング ……… 120
　ポートの確認 …………………… 023
Wire.available() ………………… 222
Wire.begin() ……………………… 220
Wire.beginTransmission() ……… 221
Wire.endTransmission() ………… 221
Wire.onReceive() ………………… 223
Wire.onRequest() ………………… 224
Wire.read() ……………………… 223
Wire.requestFrom() ……………… 220
Wire.write() ……………………… 221
Wire ライブラリ …………… 090, 219
Wiring …………………………… 002
write() …………………… 228, 235
writeMicroseconds() …………… 229

X

XML ………………………………… 075

Z

ZX81 ………………………………… ix

あ 行

アクチュエータ …………………… 025
アナログ出力 ……………… 019, 073
アナログ入出力 …………………… 184
アナログ入力 ……………… 018, 073
アナログ入力ピン ………………… 055
アノード …………………………… 026
アンペア …………………………… 036
イブリア …………………………… 014
インダクタ（コイル） …………… 127
インタラクションデザイン ……… 002
インタラクティブデバイス ……… 025
インタラクティブランプ ………… 034
エラー ……………………………… 029
演算子 ……………………………… 137
オーム ……………………………… 125
オームの法則 ……………………… 036
オモチャ …………………………… 015
オリベッティ ……………………… 014
オルタネイトスイッチ …………… 045
温度・湿度センサ ………………… 100
オンラインヘルプ ………………… 122

か 行

開発環境 …………………………… 001
　インストール …………………… 020
外部割り込み ……………………… 201
回路図 ……………………… 094, 127
ガザラ、リード …………………… 010
カソード …………………………… 026
加速度センサ ……………………… 061
関数 ………………………… 030, 039
キーボード ………………………… 065
キーボードハック ………………… 012
矩形波 ……………………………… 187
グランド …………………… 038, 129
交流電源 …………………………… 088
コード ……………………………… 026
コメント …………………… 031, 144

コラボレーション ……………………… 016
コロンボ、ジョー …………………… 073
コンデンサ …………………… 126, 128

さ 行

サーキットベンディング ……………… 010
サーボモータ …………………………… 228
サーミスタ …………………… 058, 128
サーモスタット ………………………… 045
三角関数 ………………………………… 198
算術演算子 ……………………………… 146
時間 ……………………………………… 191
自動灌水システム ……………………… 087
シフトレジスタ ………………………… 189
ジャンク ………………………………… 014
ジャンパ ………………………………… 123
ジャンプワイア ………………………… 037
シリアルオブジェクト ………………… 059
シリアル通信 ………… 059, 073, 204
　同期シリアル通信 ………………… 188
シリアルモニタ ………… 105, 115
スケッチ ………………… 017, 028
ステッパモーター ……………………… 217
制御文 …………………………………… 136
整数 ……………………………………… 174
赤外線距離センサ ……………………… 061
赤外線センサ …………………………… 047
接頭語 …………………………………… 126
セミコロン ……………………………… 040
センサ …………………… 025, 045
　温度・湿度センサ ………………… 100
　加速度センサ ……………………… 061
　赤外線距離センサ ………………… 061
　赤外線センサ ……………………… 047
　超音波距離センサ ………………… 061
　光センサ …………………… 054, 128
ソフトウェア …………………………… 020
ソフトウェアシリアルライブラリ ……… 213
ソムレイ・フィッシャー、アダム ……… 015

た 行

ダイオード ………… 060, 094, 128
ダイソン、ジェームズ ………………… 006
タイマー ………………………………… 088
タクトスイッチ ………………………… 037
超音波距離センサ ……………………… 061
直流電源 ………………………………… 088
抵抗 ……………………………………… 036
抵抗器 …………………… 037, 125, 128
　値の読み方 ………………………… 125
定数 ……………………… 031, 172
ティルトスイッチ ………… 046, 048
データ型 ………………………………… 160
デジタル出力 …………………………… 073
デジタル入出力 ………… 018, 182
デジタル入出力ピン …………………… 094
デジタル入力 …………………………… 073
テスト …………………………………… 118
デバウンシング ………………………… 042
デバッギング …………………………… 118
電圧 ……………………………………… 036
電気 ……………………………………… 034
電磁バルブ ………………… 088, 096
電流 ……………………………………… 036
トグルスイッチ ………………………… 045
時計 ……………………………………… 088
ドライバの設定 ………… 021, 022
トラブルシューティング ……………… 117

は 行

パース …………………………………… 104
配列 ……………………………………… 164
　2次元配列 ………………………… 103
バウンシング …………………………… 042
ハック、ウスマン ……………………… 015
パッチング ……………………………… 008
パルス幅変調 …………………………… 048
比較演算子 ……………………………… 148
光センサ …………………… 054, 128

243

引数	032		**ら**行	
ビット演算子	149			
ピン			ライブラリ	211
アナログINピン	018		インストール	091
アナログOUTピン	019		ラムス、ディーター	viii
デジタルIOピン	018		乱数	199
ファラド	126		リードスイッチ	045
フィジカルコンピューティング	001, 002		リレー	088, 093
ブール演算子	148		レジスタ	
フォトレジスタ	026		PINレジスタ	155
複合演算子	158		PORTレジスタ	155
プッシュボタン	036, 128		レジスタDDR	155
浮動小数点	163			
浮動小数点数	174		**わ**行	
フラッシュメモリ	040			
フルカラーLED	083		割り込み	203
ブレッドボード	037, 119, 123			
プロトタイピング	002, 006			
変数	039			
グローバル変数	175			
スコープ	175			
ローカル変数	175			
ペントランド、アレックス	013			
ポート				
確認	021, 023			
操作	154			
テスト	118			
ポテンショメータ	128			
ポリヒューズ	119			
ボルト	036			

ま行

マイクロコントローラ	002
マウス	067
マスキング	150
マットスイッチ	045
モーグ、ロバート	008
文字	160, 168
文字列	164
モメンタリスイッチ	045

訳者あとがき

第1版へのあとがき

　本書のなかでは現れませんが、巷におけるArduinoの日本語表記にはバラツキがあります。オラ
イリー・ジャパンは「アルドゥイーノ」に統一する方針のようですので、今後、読み方を書くときはそう
しようと思います。ただ、会話のなかでは、いままでどおり「アーデュイノ」と言ってしまいそうです。

　私がはじめて、この発音しにくいイタリア生まれのプラットフォームの存在を知ったのは、2007
年の春でした。Arduinoに気付くよりも先に、Wiringが目にとまりました。

　WiringはArduinoの元になったプロトタイピングツールで、現在もバージョンアップがされて
います。言語仕様の面では、Wiringに実装された機能が、少し間をおいてArduinoに移植さ
れる傾向があるようです。メモリとピン数が豊富なので、Arduinoでは処理しきれないタスクには
Wiringを使う手もあるでしょう。

　SparkfunからWiringボードを取り寄せ、いろいろな部品をつないでみて、その扱いやすさにと
ても感動しました。加速度センサの読みをマトリクスLEDに表示する、というようなことがずいぶ
んカンタンにできたのです。それまでに試した他のマイコンボードとは開発のスピード感が違うと
感じました。しかし、Wiringはいくぶん高価で（82ドルで買いました）、表面実装を前提としている
ことから自分で作るのも難しく、いくつも用意することはできません。1枚のボードに部品をつな
げてははずし、またつなげてははずすことを繰り返しました。

　当然、もっと安く入手できるWiringのようなボードがあれば、いくつかの工作を並行して進めた
り、できあがったものをそのまま保存しておくことがしやすくなります。そんなことを考えていたある日、
Make Blogで紹介されたのが、わずか15ドルで買えるArduino互換機「Bare Bones Board」です。

　私の場合、Paul BadgerのBBBを手にしたことで、Arduinoの面白さがおぼろげながら理解で
きました。

　それ以前にも「Arduino」というキーワードは知っていたのですが、実を言うと、Wiringのサブセッ
トくらいの捉え方しかしていませんでした。しかし、本家Arduinoよりも安くて、独自のアレンジが施し
てあるBBBのようなハードウェアが登場する状況を見て、「何かが起きている」という感覚を得ます。

　その「何か」にはいくつかの要素があるのですが、一番大きかったのは、オープンソースハード
ウェアというコンセプトが機能しはじめている気配でした。ソフトウェアの世界で起きているように、
ひとつのアーキテクチャを多くの人が複製・改変・再配布することで、少しずつ価値が増大し、
多様化していくのです。その年の後半にはLeah BuchleyのLilyPad ArduinoやLimor Fried
のBoarduinoが登場しました。

　ブレッドボーダーズというユニットのメンバーである私はBoarduinoのファンですが、Arduino
を世に知らしめた功績の大きさにおいては花の形のLilyPadに軍配があがるでしょう。現在、
MIT Media Labで教鞭を取るBuchleyは、LilyPadを通じて、ファッションとエレクトロニクス、
あるいは手芸と電子工作が融合すると何が起こるのか、という問いかけをしました。その結果は、
マイコンボードが縫いつけられた服や帽子、そしてそれらを身に付ける女の子たちの出現です。

245

ユーザー層が厚くなるにつれ、YouTube や Flickr では Arduino タグが付いた愉快な作例が増えていきました。そうした作例からインスパイアされた人々が Arduino を使いはじめ、その成果がまたオンラインで公開される、というポジティブな連鎖が発生した結果、2008年は小さなブームの様相を呈します。

出荷1万台を記念して Arduino Diecimila（イタリア語で10000の意）が発売されたのが、2007年11月です。その1年後には、累計出荷台数が5万台を超え、6万台に近づこうとしているという話を耳にしました。1年の間に4万台から5万台が出回ったわけです。この数字には互換機や自作機は含まれていないはずですから、実際はもっとずっと多くの Arduino が世界中に散らばっていったことでしょう。

もちろん、ハードウェアの台数が開発者コミュニティのスケールと価値をそのまま表しているとはいえません。しかし、数は力という面があるのも事実です。ボードの値段はさらに下がり、便利なライブラリやシールド（拡張ボード）は着々と増え、新しい作品が毎日数え切れないほどアップロードされています。その勢いはますます強まっているように見えます。

日本においても、2008年のなかほどから入手性が格段に向上し、今では気軽に買えるようになりました。ネット上には日本語で読める使いこなしのノウハウや作例も少なくありません。この本の後半部を構成している日本語版のリファレンスは、次のURLで公開されています。

www.musashinodenpa.com/arduino/ref/

リファレンスは日々刷新されていますので、本書刊行後の追加・変更については、このサイト、または本家の Reference ページ（arduino.cc/en/Reference/）を参照してください。

この本の著者であり、Arduino の生みの親である Massimo Banzi の活動は arduino.cc のほかに、tinker.it で知ることができます。コミュニティー全体の動向については、Make: Blog（jp.makezine.com/blog）、Fried のブログ（www.ladyada.net/rant）、Sparkfun（www.sparkfun.com）なども良い情報源です。先述のとおり、YouTube や Flickr を Arduino タグで検索すると作例が膨大に見つかります。

本書に目を通したら、そうしたネット上の写真やムービーに触れてみてください。先人の楽しみようが伝わって、自分のヤル気も倍増するはずです。ヤル気が湧いたら、消えないうちにすばやく形にしてみる。そんなやり方が Arduino 流です。

第2版へのあとがき

初版の発行から3年。その間に Arduino は予想を上回るペースで広まりました。2011年の純正ボードの出荷台数は20万台。すごい数字ですが、本格的な普及はまだこれからかもしれません。さらなる発展に備えて、ハードとソフトの両面で改良が続けられています。

Arduino ソフトウェアのバージョンナンバーが節目となる "1.0" になったのは 2011年11月末のことです。今後の成長の基礎となるよう、大きな修正が加えられました。たとえば、スケッチの拡張子が .pde から .ino に変わったり、ボタン類のデザインがより分かりやすいものになっています。1.0 のリリースに先立って、ハードウェアも "Uno"（イタリア語で1）に代替わりし、主要な部品が変更され、より簡単に使えるものとなりました。

本書『Arduino をはじめよう第2版』は、Arduino 1.0 と Arduino Uno に対応する目的で書か

れたといっていいでしょう。大きな変更点は1.0とUnoに関係する部分です。ただし、スケッチの書き方や作例の解説について、小さな改訂もいくつか加えられています。リファレンスはArduino 1.0に付属している版をもとに、加筆修正を行いました。初版刊行時に公開したオンライン版日本語リファレンスも1.0対応済みですので、本書と併用してください。巻末のリファレンスカードには、もう気付いたでしょうか？　これは第2版だけの特別付録です。ぜひ次のプロジェクトで活用してください。

第3版へのあとがき

　2009年の第1版、2012年の第2版に続けて、この第3版を皆さんにお届けすることができました。第1版から第2版への変更は、開発環境の変化に対応するための小さな修正がほとんどだったのですが、第3版では情報量がかなり増えています。目立つのは6章と8章の追加でしょう。

　6章はArduino Unoの弟分とも言えるArduino Leonardoの解説です。回路構成がシンプルなLeonardoは値段が安く、それでいてUSBデバイスの実装に便利という特徴を持っていて、小型版であるArduino Microと併せて、よく利用されるボードとなっています。本書はもっとも標準的なUnoの使用を前提に記述されていますが、6章にはLeonardoでないと動かないスケッチが掲載されています。

　8章ではより大規模なプロジェクトを扱っています。この章に限り、日本の状況に合わせるため、翻訳時に構成を一部変更しました。使用する部品については欄外の註も参照してください。

　上記の章以外にも加筆訂正が少なからず加えられています。とくに初期設定に関する記述とリファレンスは現状に合うよう念入りに見直しました。Arduinoは現在も発展の途上にあり、仕様変更や機能追加は随時行われていますが、今日の時点で入門者がArduinoの世界を理解するのに必要十分な内容になっていると思います。本書を片手にプロトタイピングを楽んでください。

—— 船田 巧

247

［著者紹介］

Massimo Banzi（マッシモ・バンジ）

Arduinoプロジェクトの共同創設者。過去にはPrada、Artemide、Persol、Whirlpool、V&A
MuseumやAdidasなどのために仕事をした経験を持っている。

Michael Shiloh（マイケル・シロー）

California College of the Arts 准教授。そこで彼はエレクトロニクス、プログラミング、ロボティ
クス、機械工学を教えている。エレクトロニクスエンジニアとして長い経験を持ち、教職に就く
前には、さまざまなコンシューマ向け製品の企業、エンジニアリング企業で働いていた。自らのエ
ンジニアとしてのスキルをコンシューマ向け製品よりも、創造的でアーティスティックなデバイス
に活かすことを好んでいる。世界中のカンファレンスや大学で講義を行っており、2013年には、
Arduinoを新しいユーザーのために紹介し、教えるという仕事に携わった。

［訳者紹介］

船田 巧（ふなだ たくみ）

コンテンツやコミュニティサイトの開発・運用が本業のはずだが、昨今は電子工作とそれを取り巻
く状況の探求にエネルギーを投じている。ハンダゴテを握りながらオープンソースハードウェアの
可能性を夢想する日々。www.nnar.orgでブログ執筆中。著書に『武蔵野電波のブレッドボー
ダーズ』（共著、オーム社）など、訳書に『Processingをはじめよう』など（オライリー・ジャパン）
がある。

> Arduinoはオープンソースのプロトタイプツール、「アルドゥイーノ」と読みます。

Arduinoをはじめよう 第3版

2015年11月25日　初版第1刷発行
2018年 3月 5日　初版第4刷発行

著者：　　　Massimo Banzi（マッシモ・バンジ）、Michael Shiloh（マイケル・シロー）
訳者：　　　船田 巧（ふなだ たくみ）
発行人：　　ティム・オライリー
印刷・製本：日経印刷株式会社
デザイン：　中西 要介、寺脇 裕子
発行所：　　株式会社オライリー・ジャパン
　　　　　　〒160-0002　東京都新宿区四谷坂町12番22号
　　　　　　Tel（03）3356-5227
　　　　　　Fax（03）3356-5263
　　　　　　電子メール　japan@oreilly.co.jp
発売元：　　株式会社オーム社
　　　　　　〒101-8460　東京都千代田区神田錦町3-1
　　　　　　Tel（03）3233-0641（代表）
　　　　　　Fax（03）3233-3440

Printed in Japan（ISBN978-4-87311-733-1）

乱丁、落丁の際はお取り替えいたします。本書は著作権上の保護を受けています。
本書の一部あるいは全部について、株式会社オライリー・ジャパンから文書による許諾を得ずに、
いかなる方法においても無断で複写、複製することは禁じられています。